黄河國家治理文獻集成（民國卷）第二十六册
《黄河國家治理文獻集成》編委會　編
總第九十册

黄河水灾救濟委員會報告書

黄河水灾救濟委員會　編
姚亞菲　編

内蒙古出版集團
内蒙古人民出版社

圖書在版編目（CIP）數據

黄河水灾救濟委員會報告書 / 黄河水灾救濟委員會，姚亞菲編．-- 呼和浩特 ：内蒙古人民出版社，2025. 8.
（黄河國家治理文獻集成）. -- ISBN 978-7-204-18467-5

Ⅰ．P426.616

中國國家版本館 CIP 數據核字第 2025LE4846 號

黄河水灾救濟委員會報告書

黄河水灾救濟委員會　編

編　　者	姚亞菲
策劃編輯	王　瑶
責任編輯	賈大明
裝幀設計	劉那日蘇　吉　雅　安立新
責任監印	包鐵柱
出版發行	内蒙古出版集團　内蒙古人民出版社
地　　址	呼和浩特市新城區中山東路 8 號波士名人國際 B 座 5 層
網　　址	http：//www.impph.cn
印　　刷	内蒙古愛信達教育印務有限責任公司
開　　本	880mm × 1230mm　1/16
印　　張	21.25
字　　數	250 千
版　　次	2025 年 8 月第 1 版
印　　次	2025 年 8 月第 1 次印刷
印　　數	1—1000 册
書　　號	ISBN 978-7-204-18467-5
定　　價	180.00 元

編纂委員會

主　任　陳利保

副主任　周承英　吴義學　王　瑶

成　員　賈大明　何可欣　董立群　羅　婧　王曉俊　董麗娟

白　玲　特日格勒　徐　飛　李月琪　王麗燕　李　琳

主　編　董　杰

副主編　張曉東　曹　玲

委　員（按姓氏筆畫排序）

王　丹　王智慧　王鑫義　白胡日查　朱紫陽　李　萌

李新蕊　姚亞菲　陳　思　曹佳興　梁芹洋　張文文

張　岩　張博原　張　祺　張曉英　喬恩懋　賀　莎

楊　怡　楊建國　楊　承　霍燕平　魏雪剛

引言

千古河流成沃野，幾年沙勢自風湍。

得益于黄河冲積所帶來的疏松土質和有機物，中華先民利用石製工具開始了農業生産，并逐步發展出旱地粟作農業，『能够最大程度保障食物供給的穩定性，奠定了中華文明起源和形成的堅實基礎』〔一〕。而利用河水灌溉，提高區域可預測農業産量，『在産業史上起着最有决定性的作用』〔二〕。隨後，技術進步、經濟發展、人口增加，讓先民的文化生活大爲豐富。嚴文明先生評價道：『這是一場影響深遠的革命。』〔三〕在這場革命中，平衡水、沙、産、人四者之間的關係，始終是黄河治理的核心問題。四者關係一旦失衡，就容易引發諸多灾患。

歷史上，黄河下游因人口稠密、經濟發達，一直是學術界關注的重點。但自河源至今内蒙古托克托縣河口鎮的黄河上、中游區域，雖遠離王畿，人口稀疏，却也一直備受關注，人們逐步認識到黄河全流域治理是國家的重要任務。《漢書》載：『堤防之作，近起戰國，雍防百川，各以自利。』〔四〕没有全流域的協同治理，僅靠各地分段築堤，則黄河河患無法解决。秦建立了中國歷史上第一個中央集權大一統王朝，秦始皇東巡碣石，刻石銘記『决通川防，夷去險阻』〔五〕，開啓中央政府調動各要素治黄之先河，這『在中國，實質上是國家的一種職能』〔六〕。同時，國家通過對黄河的有效治理，爲沿黄流域人民群衆乃至其他地區人民群衆提供了重要的公共物品和産業支撑，成爲人民群衆眼中中央政府的功過評價指標之一。因此，治黄在增强沿黄各族群國家、政治、文化認同的基礎上，强化了中國大一統國家的合法性，成爲歷代國家治理能力的一個重要測度。

一、黄河治理維護了國家的社會穩定

從秦并六國到漢朝建立大一統國家，中國統一的多民族國家形成并得到初步發展。當時中央政府對所轄疆域有『北邊郡』和『内郡』之稱。内蒙古額濟納旗出土的居延漢簡有載，『貇（墾）田以鐵器爲本北邊郡毋鐵官印器内郡令郡以時博賣予細民毋令豪富吏民得多取販賣細民』，可以看出北邊郡是與内郡相對應的行政管轄區域。《史記》卷二十八『封禪書第六』載：『上乃遂去，並（并）海上，北至碣石，巡自遼西，歷北邊至九原。』〔七〕。《史記》卷三十『平準書第八』載：『天子北至朔方，東到太山，巡海上，並（并）北邊以歸。』〔八〕司馬遷多次提及北邊，足見統治者對北邊治理的重視。

漢武帝時，齊人延年提出從今内蒙古引黄河水經今北京一帶，向東注入渤海，以衛北部邊疆。『是時方事匈奴，興功利，言便宜者甚衆。齊人延年上書言：「河出昆侖，經中國，注勃海，是其地勢西北高而東南下也。可案圖書，觀地形，令水工準高下，開大河上領，出之胡中，東注之海。如此，關東長無水災（灾），北邊不憂匈奴，可以省隄（堤）防備塞，士卒轉輸，胡寇侵盜（盜），覆軍殺將，暴骨原野之患。天下常備匈奴而不憂百越者，以其水絶壤斷也。此功壹（一）成，萬世大利。」』[九]《史記》卷二十四『樂書第二』載：『天馬來兮從西極，經萬里兮歸有德。承靈威兮降外國，涉流沙兮四夷服。』[十]如今，包頭地區出土了『四夷盡服』瓦當，出土文物與傳世文獻的呼應，成爲黄河治理維護祖國北部邊疆穩定的見證。

《史記》卷三十『平準書第八』載：『嚴助、朱買臣等招來東甌，事兩越，江淮之閒（間）蕭然煩費矣。唐蒙、司馬相如開路西南夷，鑿山通道千餘里，以廣巴蜀，巴蜀之民罷焉。彭吳（吴）賈滅朝鮮，置滄海之郡，則燕齊之閒（間）靡然發動。及王恢設謀馬邑，匈奴絶和親，侵擾北邊，兵連而不解，天下苦其勞，而干戈日滋。』[十一]清代《汾陽縣志》卷十三『藝文』收録曹學閔《開修黄蘆嶺車路紀德政碑記》，上載：『永寧州，界連西陲，北達邊外歸綏諸路，商賈遠貿粟麥，泛皮船隨黄流南下，聚于州西磧口，一府之民仰利賴焉。而東至太原，南抵平陽，州縣凡二十餘，亦視汾爲橐鑰，蓋所繫非特一方生計矣。』[十二]民國時期，東北淪陷後，開發西北刻不容緩，而『黄河中游之水利，自應加以擴充及整理，藉（借）收桑榆之效，以挽狂瀾於（于）萬一』[十三]。

因黄河流域自然條件優越，歷朝歷代都十分重視對此地的開發，通過强有力的國家干預方式推動各類產業的發展，爲中國北部疆域的形成和社會穩定奠定了基礎。

二、民族交往、物資交流、技術轉移促成黃河治理共同體

《史記》卷十五『六國年表第三』載：秦始皇三十三年（前214），『築長城河上，蒙恬將三十萬』〔十四〕。這數十萬人中，擁有一技之長的人員不在少數。由此，邊地人口不斷增多，而豐富的物産則促進了商品交流與統一市場的形成。西漢《鹽鐵論・力耕第二》記録了『异物内流』的情形：『是以贏（騾）驢馲駞（駝），銜尾入塞，驒騱騵馬，盡爲我畜，鼲鼦狐貉，采旃文罽，充於（于）内府，而璧玉珊瑚瑠（琉）璃，咸爲國之寶。』〔十五〕此後，黄河北岸的『贏（騾）驢馲駞（駝）』『驒騱騵馬』『鼲鼦狐貉』『采旃文罽』與西南織錦、中原麻纖、農作物等物資相互交流，逐步形成統一的國内大市場，加强了邊疆與其他地區的經濟聯繫，促進了邊疆特色産業的發展。

隨着民族交往交流交融的增强，清代以降，黄河流域内蒙古段輸入到内地的也不僅僅是『异寶』了。《綏遠通志稿・水路》載：『自乾隆以還。口外墾殖日廣。民殷物阜。出境之油、糧、鹽、鹼（碱）、甘草各貨。入境之日用雜貨。山西與歸綏往來之商運。凡經河路者皆以托屬河口爲唯一之碼頭。』〔十六〕從清乾隆年間到民國時期，由内蒙古經黄河運到山西的貨物有糧、油、鹽、碱、藥材、皮毛等，其中以糧油爲最大宗。糧食品種主要有糜黍、穀子、高粱、豆類及玉米、大小麦

等，油料主要是胡麻。内蒙古供貨支綫有從阿拉善盟阿拉善左旗吉蘭泰鹽池到山西吕梁市磧口鎮的運鹽駝路，五原縣、臨河區一帶各大幹渠的運糧水道，杭錦旗、達拉特旗的甘草馱運綫，鄂托克旗的運碱駝路。内蒙古段各條支綫以供貨爲主，山西段若干支綫以運銷爲主。

《臨縣志》載：『清朝乾隆至民國年間，陝、甘、綏、蒙等地的物資，通過此航綫運達磧口，再用牲口馱運到離石、吴城，轉運至東路（汾、平、介、孝等縣）。據民國20年（1931）統計，每年從綏遠磴口航至磧口的貨船不下4000餘艘』，『是陝、甘、綏、寧與晋西北物資集散之重鎮』。[十七]可見，内蒙古在甘肅、寧夏與陝西、山西等沿黄上下游物資交易中起到了重要的聯結作用；同時也吸引了山西、陝北、河北、山東、甘肅等地的農民遷移至此，并將開渠打壩、引水澆地等農業生産技術、手工技術和商業貿易經營方式帶到這裏。他們在此扎根，除了從事農業生産外，還挖甘草、下窑背炭、在黄河上拉船、在沙漠中拉駱駝、打短工放冬羊、開碾磨油坊，等等。不同地域、不同民族的人們合力修築河渠、引水興業，逐漸形成休戚與共的共同體。其間積纍的産品交易、商業管理、社會治理等方面的經驗，在今天依然有借鑒意義。

清代『首重治河，探河源以窮水患』[十八]，但更深層次的考量是『宣揚大一統及增强國家認同』[十九]。黄河流域人口基數大、分布廣，而全流域治理理念將不同地區、不同民族的人們凝聚成命運共同體，而『大一統』理念正是這一治理實踐的核心主題。

三、黄河流域拓展了中國的發展空間

早期統治者因巡幸及邊防建設所需，統籌管理沿黄河運與秦直道等沿黄馬道，維持着中央政府對北邊的有效治理。河套平原引黄渠道的建設爲秦漢王朝屯田事業提供了基本的水利保證，并將這些區域變成防禦北部邊患的大後方與根據地。于是，沿黄馬道、沿黄河運與萬里茶道、草原絲路等陸路運輸聯通起來，促進了中華文明與其他文明的交流互鑒，拓展了新的發展空間。

新中國成立之後，沿黄各族兒女在中國共產黨的領導下團結合作、艱苦奮鬥，實現了大河安瀾。黄河流域建立起行之有效的防洪抗汛機制，支撑着沿岸的產業發展，改善了周邊生態環境。當代治黄史證明，正是由于中國共産黨的正確領導以及集中力量辦大事的制度優勢，纔從根本上减輕了河患的威脅。進入新時代，黄河流域在築牢安瀾根基的同時，以蓬勃活力拓展着中國的發展空間。沿黄九省區在協同發展中不斷釋放潛力，讓黄河流域成爲國家區域協調發展戰略中不可或缺的重要一極，爲中國的發展源源不斷地注入新動能。

綜上所述，黄河流域的治理不是單純的河道治理、生態環境治理或社會治理，而是一種關涉水、沙、産、人四者關係的系統性、協同性治理，是推動國家可持續發展的動力，也是厘清國家治理與邊疆治理兩者動態交互實際效果的絶佳視角。而黄河工程等『中國本土理論資源、學術積纍』[二十]，有助于研究國家治理的演進歷程。進入新時代，黄河治理與國家治理的關係研究不斷開闢新視角、持續涌現新成果，其中鑄牢中華民族共同體意識、邊疆治理與黄河流域生態保護和高質量發展成爲非常重要的研究視角。因此，基于這一角度搜集整理黄河國家治理文獻，意義重大。《黄河國家治理文獻集成》，應運而生。

本叢書系統梳理了黄河治理的歷史脉絡與經驗，既爲新時代黄河流域生態保護和高質量發展提供了歷史鏡鑒，更以文獻爲載體，傳承了治理智慧、凝聚了民族力量，是服務國家發展戰略、鑄牢中華民族共同體意識的重要學術實踐。

《黄河國家治理文獻集成》編委會

二〇二五年一月

[一] 韓建業：《中華文明的起源和形成》，載《中華民族共同體研究》2022年第4期，第80–91+172頁。

[二] 中共中央馬克思恩格斯列寧斯大林著作編譯局：《馬克思恩格斯選集》第二卷，人民出版社，2014年，第240頁。

[三] 嚴文明：《黄河流域文明的發祥與發展》，載《華夏考古》1997年第1期，第49–54+113頁。

〔四〕（漢）班固：《漢書》卷二十九『溝洫志第九』，中華書局，1964年，第1692頁。

〔五〕（漢）司馬遷：《史記》卷六『秦始皇本紀第六』，中華書局，1963年，第252頁。

〔六〕冀朝鼎：《中國歷史上的基本經濟區與水利事業的發展》，朱詩鰲譯，中國社會科學出版社，1981年，第7頁。

〔七〕（漢）司馬遷：《史記》卷二十八『封禪書第六』，中華書局，1963年，第1398-1399頁。

〔八〕（漢）司馬遷：《史記》卷三十『平準書第八』，中華書局，1963年，第1441頁。

〔九〕（漢）班固：《漢書》卷二十九『溝洫志第九』，中華書局，1964年，第1686頁。

〔十〕（漢）司馬遷：《史記》卷二十四『樂書第二』，中華書局，1963年，第1178頁。

〔十一〕（漢）司馬遷：《史記》卷三十『平準書第八』，中華書局，1963年，第1420-1421頁。

〔十二〕（清）方家駒修，（清）王文員纂：《汾陽縣志》卷十三『藝文』，清光緒十年刻本，第57-58頁。

〔十三〕王華棠、劉錫彤、吳樹德：《黃河中游調查報告》，華北水利委員會編印，1934年，第1頁。

〔十四〕（漢）司馬遷：《史記》卷十五『六國年表第三』，中華書局，1963年，第758頁。

〔十五〕王利器：《鹽鐵論校注》，中華書局，1992年，第28頁。

〔十六〕綏遠通志館：《綏遠通志稿》第十冊，內蒙古人民出版社，2007年，第176頁。

〔十七〕臨縣志編纂委員會：《臨縣志》，海潮出版社，1994年，第273、321頁。

〔十八〕趙爾巽等：《清史稿》卷一二六『河渠一』，中華書局，1977年，第3715頁。

〔十九〕劉惠：《乾隆朝重構黃河河源的實踐與國家認同》，載《清華大學學報》（哲學社會科學版）2018年2期，第147-154+195頁。

〔二十〕許耀桐：《當代中國『治理』概念的演進探析》，載《國家現代化建設研究》2023年3期，第100-111頁。

出版前言

黄河，中華民族的母親河，她不僅孕育了中華文明，更見證了中華民族數千年的發展歷程。習近平總書記深刻指出：『從某種意義上講，中華民族治理黄河的歷史也是一部治國史。』這一重要論述，爲新時代黄河文化的保護傳承以及流域治理提供了根本遵循，也深刻揭示了黄河治理在國家發展和民族復興進程中的核心地位。在學習貫徹習近平新時代中國特色社會主義思想，積極響應國家黄河流域生態保護和高質量發展重大戰略，大力推進北疆文化建設的背景下，《黄河國家治理文獻集成》的編纂出版，具有重要的歷史意義、學術價值與現實指導意義。

黄河治理，自古以來就是國家的頭等大事。從遠古時期大禹治水，到當代運用科學技術進行系統治理，中華民族在數千年的時間裏，積纍了豐富的治河經驗，留下了浩如烟海的文獻遺産。《黄河國家治理文獻集成》收録了元代至民國時期古籍、朱批奏摺、期刊圖片等多模態文獻資源。這些文獻内容豐富、維度多元，既包含記載河工技術、治理方略等的專書，又有漢文朱批奏摺、工程檔案以及不同區域的調查研究報告等。民國時期的文獻則標志着現代水利科學開始融入黄河治理，展現了我國水利事業在時代變革中的創新與發展。近代照片的收録則以更加直觀的方式將黄河治理、黄河沿岸的風貌呈現給讀者。

該文獻的出版，不僅是對瀕危黄河文化遺産的及時搶救與保護，更是對我國水利史、國家治理史、邊疆治理研究學術鏈條的重要補充，具有較高的文獻價值和學術意義。尤爲重要的是，這一集成工作，深度契合鑄牢中華民族共同體意識這一全黨全國各族人民的共同任務。各民族在治理黄河的歷史進程中，緊密協作、共同探索，這些珍貴文獻便是各民族交往交流交融和中華文明認同的生動見證。對這些文獻進行整理出版，能够讓各族人民更加深刻地認識到，在歷史長河中，各民族共同爲黄河治理貢獻了力量，共同守護了家園，從而進一步增强對中華民族共同體的認同感與歸屬感，夯實鑄牢中華民族共同體意識的歷史根基。

《黄河國家治理文獻集成》以『國家治理』爲核心綫索，構建起一個全面、系統、多維的文獻體系：在時間跨度上，聚焦從元代至民國這一傳統治河向現代水利轉型的歷史時期，爲深入研究我國水利事業的發展脉絡提供了清晰的時間坐標；在内容分類上，細緻劃分爲技術專著、工程檔案、區域研究、朱批奏摺、科學報告、圖片等類别，涵蓋黄河治理的各個方面，從不同角度展現了我國在黄河治理上的探索與實踐；在版本選擇上，秉持嚴謹、科學的態度，確保文獻内容的準確性與代表性，爲學術研究奠定堅實基礎。

在編纂過程中，叢書特别注重『全流域治理』的理念，不僅收録了有關下游防洪治河的重要文獻，還涵蓋了中游地區水土保持以及上游地區灌溉開發等方面的珍貴記載。這種對黄河全流域治理的全方位關注，與當前『共同抓好大保護，協同推進大治理』的要求高度契合，充分體現了叢書在傳承歷史文化遺産的同時，緊密服務于當代國家發展戰略的時代價值。

在出版過程中，嚴格保持原書的版式與行款，最大程度地還原文獻原貌。對于部分出現黴變、殘缺的頁面，運用先進的數字化修復技術進行精心處理，在保留原始批注與印章痕迹的基礎上，兼顧了文物的真實性與文獻的可讀性。

此外，爲了更好地服務讀者，方便學術研究，本叢書新增了目録、提要等内容，這些新增部分由編委會精心撰寫。新增目録一般編製二級，個别圖書編製三級；原書有目録而内文無對應標題的，根據原書目録照録；原書目録爲關鍵詞或者其他情况的不編製目録；原書目録與内文不一致的，以原書内文爲準；原書無目録的，按卷端、版心或其他部分輯録；一册書中收録多種圖書的，以書名爲一級標題，編製二或三級。在文字使用上，統一使用現代漢語規範繁體字，對于原版文獻中的异體字、避諱字也使用現代規範繁體字，無對應規範繁體字的保留原字。

《黄河國家治理文獻集成》的出版，是對黄河文化遺産的一次系統性、搶救性保護，具有重大而深遠的現實意義：從學術價值層面來看，叢書成功構建起一座連接傳統與現代治黄文獻的橋梁，爲黄河流域生態保護、水利工程史、國家治理史、邊疆治理、中華民族共同體學等多個領域的學術研究提供了豐富、翔實的基礎文獻，有力推動了相關學科的發展與創新；從文化價值角度而言，生動展現了北疆文化與黄河文化在歷史長河中的交融共生，爲内蒙古『北疆文化』品牌建設提供了堅實的文獻支撑，進一步豐富了中華文化的内涵與外延；從實踐價值方面考量，書中所蕴含的治河理念爲我們在新時代背景下實現人與自然和諧共生、推動黄河流域可持續發展提供了寶貴的歷史經驗與智慧啓示。

在此，我們要衷心感謝各藏書機構的大力支持，正是他們提供了珍貴底本資源，纔使得本叢書的編纂出版成爲可能。同時，我們也要向文化遺産智能應用服務中華民族共同體建設『英才與蒙』團隊致以崇高的敬意，他們歷經五年的辛勤耕耘，以嚴謹的治學態度和專業的學術素養，對文獻進行了系統的整理和輯録，爲叢書的内容質量提供了堅實保障。此外，我們還要特别感謝内蒙古自治區黨委宣傳部、内蒙古出版集團將本叢書納入『北疆文庫』重點項目，并在出版過程中給予全方位支持與幫助。

我們衷心期待，這套凝聚着無數心血與智慧的《黄河國家治理文獻集成》，能够在新時代的『黄河大合唱』中奏響歷史的强音，爲黄河流域生態保護和高質量發展注入强大的歷史動力，讓黄河文化在保護中傳承，在傳承中創新，在創新中不斷發展，綻放出更加絢爛的光彩。同時，希望這套叢書能够成爲促進各民族文化交流、鑄牢中華民族共同體意識的重要載體，助力各民族更加緊密地團結在一起，共同爲實現中華民族偉大復興的中國夢而努力奮鬥，讓中華民族共同體意識在黄河文化的滋養下，扎根于每一位中華兒女的心中，成爲推動中華民族不斷前進的强大精神力量。

提要

《黄河水災救濟委員會報告書》，由黄河水災救濟委員會編纂，于一九三五年印行。

該報告明確指出一九三三年黄河水災的成因：該年八月，黄河上游流域連續多日降雨，引發山洪暴發；沿岸河床寬淺、水流散亂，叠加堤岸人爲破壞嚴重；中游渭河、涇河和洛河等重要支流洪峰叠加，水位暴漲，導致寧夏、綏遠、陝西、山西、河北、河南、山東等地黄河泛濫成災，大量民衆流離失所。報告進一步指出，民國時期經濟基礎薄弱，長期受戰争牽制，國民政府財政拮据，無力開展黄河修繕與護堤護岸工程，加劇水患危機，造成民衆生命財産重大損失，災後重建與災民安置面臨嚴峻挑戰。爲此，國民政府成立黄河水災救濟委員會，并撥付四百萬元法幣用于賑災。報告最後指出救濟措施：災前推行植樹造林，構築生態安全屏障；災中設立專門機構，實現跨部門協調指揮；災後實施『官義協作』（政府與民間義賑團體合作）與异地安置等舉措，初步形成政府主導、民間協同的救災體系。

該報告爲研究二十世紀三十年代中國災害治理機制、社會經濟狀況及水利工程短板提供了原始檔案，系統呈現了中國首次現代救災體系的實踐，對當代黄河流域災害治理仍具重要啓示。

目録

黄河水災救濟委員會報告書

序言

民國二十二年秋河決豫冀南北兩隄凡決五十餘口災區廣一萬二千七百九十二萬公里災民三百餘萬人財物之漂沒達國幣二萬萬圓而實被其害者率皆吾北方胼胝勞作之衆蓋自遜清咸豐五年河決銅瓦廂逾三十年南決鄭州再二十七年北決濮陽以還七八十年中鮮覯之巨災也政府惻然閔念於是年九月令設黄河水災救濟委員會特簡宋部長子文等二十三人董其事而以宋君爲之長令撥國幣四百萬圓俾經紀焉宋君既受事乃集羣謀判執役者爲組五曰總務曰工振曰災振曰衛生曰財政而以總辦事處總其成十一月宋君辭職政府復命祥熙繼其事時督工振者去職余以孔君祥榕繼之餘一仍其朔條理夙具余益以勤謹勵之自二十二年九月經始至二十四年一月卒事與其役者上下凡一萬六千餘

人而災區省縣之來助者尚不在此列爲時十七閱月振災民一百零一萬五千四百二十七人而疾之獲療者二十萬零七千一百五十餘人費國幣乃至三百二十萬圓亦云多矣夫河爲中國患且千餘歲歷代無不以爲要政而治之之功卒鮮蓋以陳法而遏奔趨無定之流誠哉其難也顧吾聞遜清設專官之治河也董其事者縻國帑以恣其逸樂利河之決以侵蝕自肥焉於國計民命膜然視之也決愈數則自肥益以多以國家捍災之費轉爲禍民之資奸人蠹吏既相習爲風氣而河患乃至今不絶也豈不痛哉余比董振事兼綜河務有慨於拯之之無已時也思以廣聘外國治河專家用新術籌疏鑿爲治本之方治標則採歷代治河陳法切實行之於往日河工積弊悉刮絶無留遺雖國帑匱乏根本之圖未可驟幾而治標除弊二者則矢以全力赴之幸而災禍之少作以稍紓吾民之疾苦斯則

祥熙日夕以企者也

中華民國二十四年三月十日太谷孔祥熙序

序　言

四

災區狀況

蘭封決口後向舊河道砂流

[illegible]

長垣縣黃河決口

被災情形

各區工作狀況

小[illegible]

小[illegible]

馮樓決口下游之[illegible]景

保護第二號口門下游市郊之堤[illegible]一角

[illegible]

大船過[illegible]小[illegible]（一）

[illegible]成之[illegible]

[illegible]口[illegible]

[illegible]石捲[illegible]工作

[illegible][illegible][illegible][illegible]工作

正在搶堵之第三口門

第三口門合龍情形

透水鑽臨河圍披工作狀況

運石之船隊

透水[illegible]河圍堤工作狀況

[illegible]成後之[illegible][illegible][illegible][illegible][illegible]

合龍時之[illegible][illegible]門[illegible]埽[illegible]

[illegible]

[illegible]

[illegible]

工程視察及驗收攝影

河北長垣馮樓決口[illegible]埽合龍紀[illegible][illegible]影

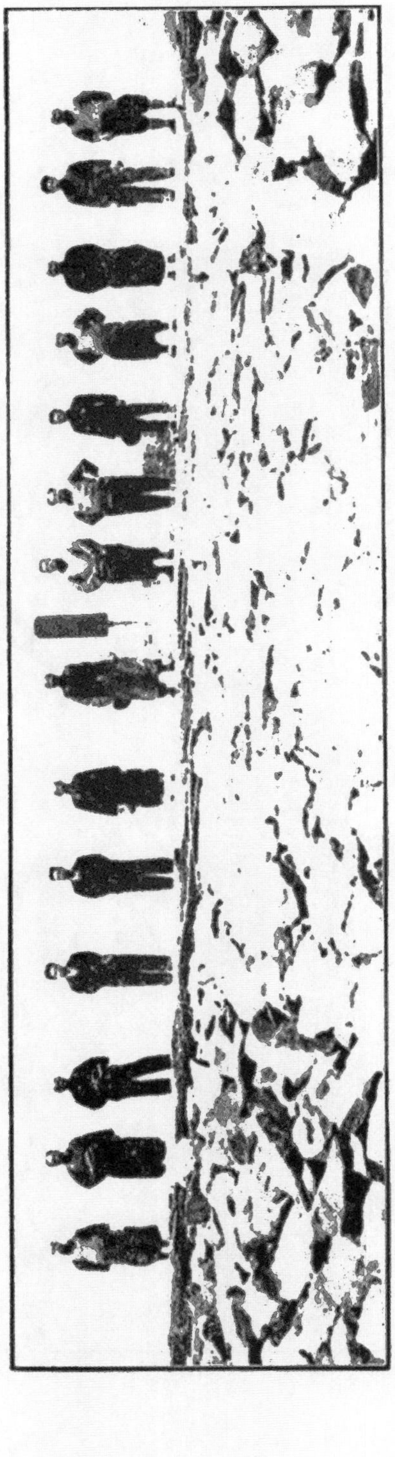

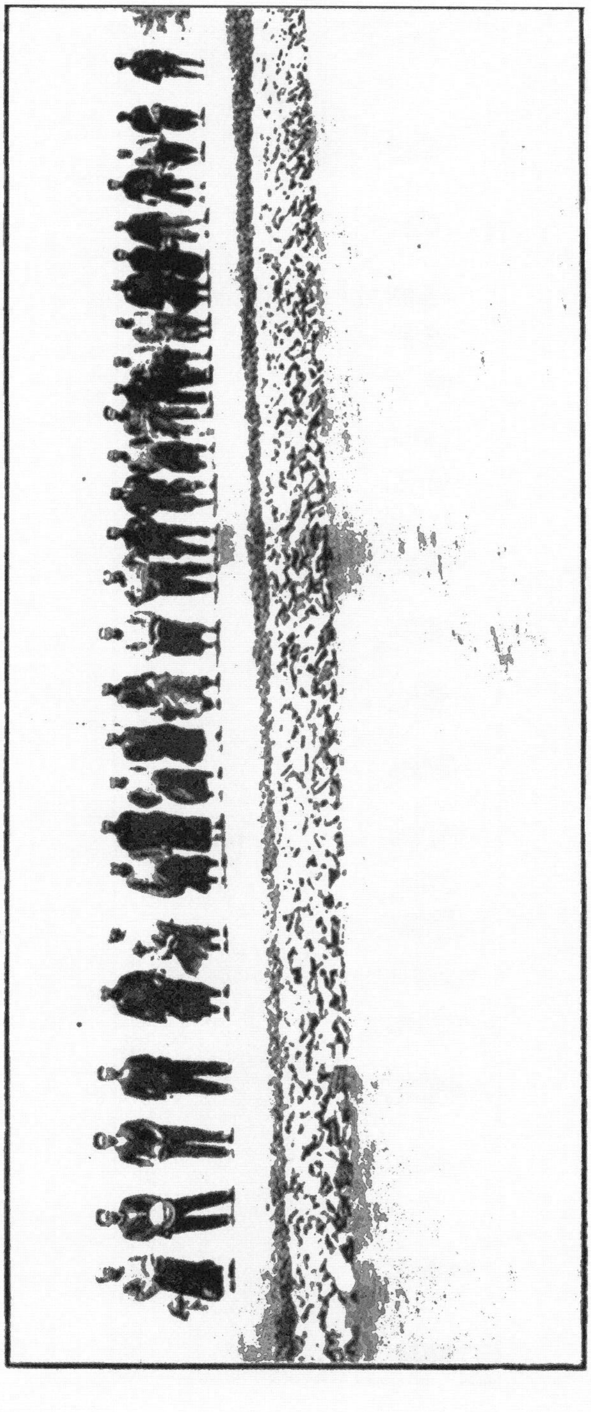

中央暨本會及河北省政府所派代表勘察石頭莊[illegible]攝影

其他建築攝影

[illegible]

[illegible]

[illegible]

黄河水災救濟委員會報告書

目錄

十二、河北省長垣縣石車段黄河北岸口門加培堤工縱斷面圖

十三、堵築石頭莊口門擬修圈堤位置圖

附本會全體姓名錄

黃河水災救濟委員會報告書

第一章　緒論

第一節　水災起因

黃河自青海經甘甯綏晉豫冀魯入海，長約四千五百公里，流域面積約八十萬方公里，其上游經行河套，東南流而下達龍門，迤邐山谷之間，自無潰決之患，孟門以下，地勢平衍，專恃兩岸隄防爲之約束，一遭潰決則泛濫爲災，是以歷代河患，恆以豫省爲起點，近自前清咸豐五年，河決銅瓦廂北奪大清河入海以後，經三十年而南決鄭州，再二十七年而北決濮陽，又二十一年，爲民國二十二年，豫冀南北兩堤，凡漫決五十餘口，綜計七十八年間河決三次，尤以二十二年災患最爲慘重，其致災原因，蓋由是年七八月間，黃河上游流域，陰雨連綿，山洪怒發，寧夏綏遠陝西各省，均以災聞，而陝西居暴雨之中心，雨量最多，渭涇洛各河，又同時暴漲，不旬日間，而黄河下游，大汛陡至，其水位之高，流量之巨，爲歷來測量紀錄所未有，其在潼關以上，河道稍深，爲患尚淺，潼關以下，地勢既低，洪流東注，勢不可禦，於是河南之北岸温縣堤堰漫溢四十里，武陟縣河流汎決入沁，並潰入詹家店，南岸之氾水廣武間，亦遭汎濫，平漢路橋，僅浮水面，蘭封縣境河決故道口門，東注江蘇碭山豐沛而入昭陽湖，考城堤故單薄，北岸既潰，溢入封邱而直抵至太行隄，其爲禍之最烈者，莫過於長垣東明兩岸同時並潰，南岸水溢小龐莊，東南注入運河諸湖，淹没河北之東明及魯西之菏澤鉅野等縣，北岸自大車集至石頭莊四十里間，悉遭漫決，其香亭石頭莊一帶吸溜尤多，幾奪全河，而淹及河南之滑縣河北之長垣濮陽山東之濮范壽張陽穀等縣。苟非金隄爲之防遏。則勢將益廣大。此誠百餘年來所未有之巨災也。

第二節　災區範圍

本次黃河潰決。災區範圍。前據本會飛機實測。面積之廣。計山東二千七百四十一方公里。河北二千六百二十方公里。河南九百九十八方公里。共計六千三百五十九方公里。嗣經本會實地調查。被災區域之面積。較前又復增加。計山東四千二十七方公里。河北四百八十三方公里。河南一千九百二十三方公里。共計六千四百三十三方公里。統計共一萬二千七百九十二方公里。所有被災較輕之區域。尚未計及。就被災之省分論之。計有山東菏澤等二十二縣。河北長垣等三縣。河南滑縣等十九縣。共計四十餘縣。其在開封以上。當以武陟温縣爲劇。

開封以下，則以河北之長垣濮陽，河南之滑縣，山東之濮縣范縣壽張陽穀爲劇。所有被災各區，村落農田，悉遭淹沒。被災人民之流離失所者，約在三百餘萬人。財產損失，竟達二萬萬元以上。災情之重，實爲近今所未有。至災患既成，人民悉遭昏墊之害。救災卹患，國有常經。此謀救濟之法者，所當因時制宜，而不容稍緩者也。

第三節　本會設立

民國二十二年九月一日，行政院奉

國民政府令開：近以黃河暴漲，橫決漫流，受災各地，廬舍漂沒，人民蕩析離居，異常困苦。撫念災情慘重，焦慮實深。茲特組織黃河水災救濟委員會，辦理救濟事宜，並撥國幣四百萬元，以爲急振之用。著由行政院督飭該會統籌辦理，以副政府軫念

災黎之至意。此令等因。同日。奉
國民政府令。派宋子文黃紹竑陳公博顧孟餘朱家驊許世英李儀祉劉瑞恆甘乃光鄒琳郭春濤錢宗澤俞飛鵬王應楡秦汾劉汝璠趙守鈺張靜愚田見龍林成秀張鴻烈劉貽燕董修甲爲黃河水災救濟委員會委員。以宋子文黃紹竑陳公博顧孟餘朱家驊許世英李儀祉劉瑞恆秦汾爲常務委員。並以宋子文爲委員長。此令等因。行政院以此次黃河災情緊重。乃召集各部會討論辦法。經第一二二次及第一二三次兩次會議。決定各項辦法。進行一切。宋委員長就職後。因公出差。由常務委員劉瑞恆代理。旋差竣回會。至十一月十七日呈請辭職。又奉
令派孔祥熙兼黃河水災救濟委員會委員並指定爲委員長。

即日就職，繼續進行。

第四節 本會組織

本會成立之後，當即擬定章程九條，於九月四日經行政院第一二四次會議，議決通過，呈奉國民政府指令照准備案，旋於九月五日十九日開第一第二兩次常務委員會議，議決本會組織及救濟辦法，茲特舉其大略如下。

一、聘請中外人才爲會員，襄同辦理一切。

二、組織總辦事處，並規定各組規程，派定本會總辦事處處長，及各組主任。

三、議定振款分配大綱。

四、議決設立冀魯豫三省分會。

組織大綱，既經決定，乃依照會章第四第五兩條，設立總辦事處，根據本會及常務委員會所定政策，執行一切事宜，該總辦事處分設總務、財政、災振、工振、衛生五組，並由委員長指定曾鎔浦爲總辦事處處長，兼總務組主任，秦汾爲財政組主任，席德炯爲災振組主任，周象賢爲工振組主任，劉瑞恆爲衛生組主任，即日就職任事，周主任象賢旋於二十三年二月間辭職，又改派孔祥榕充工振組主任，又因稽核本會款項事宜，特設立稽核委員會，聘請稽核人員，辦理一切。

第五節　救濟實施

在本會未經成立以前，行政院以各災區呈報災情，已達二十六縣，當經議決振濟方法，約分三部分，一爲急振，二爲工振，三爲黃河水利工程，尤以急振爲刻不容緩之舉，迨本會組織完成。卽本此方針。悉力進行。惟是辦理急振。必先察勘災區情形。是以本會設立伊始。卽從事實地查勘。先由常務委員劉瑞恆委員周象賢席德炯。視察各地災情。於九月初旬同乘歐亞航空公司飛機出發。其行程由南京北至濟南。沿河達開封。取道徐州返京。又聘請史篤培白郎都兩工程司同楊廷玉察勘各處决口情形。既經兩次查勘。始悉各省災情最重者爲冀魯豫三省。其救濟辦法乃决定爲辦理急振與堵塞决口。同時舉行。

（甲）辦理振濟　河北三縣。山東七縣。河南六縣。災情尤重。此外又有二十九縣災情稍次。本會辦理急振。因注重以上各區域。如分配棉衣。散放振糧。設立粥廠。暨以工代振。均由災振組分別各災地情形。妥爲辦理。至災區衞生。由本會衞生組辦理。其一切工作情形。詳見災振衞生各章。至三省以外。受災較重省分，如陝西寧夏甘肅山西等省，則由本會酌撥振款，交由各地方政府分別辦理救濟事宜。

(乙) 堵口工程　此次黃河決口，均在河南河北兩省境內，本會工振組，按照各決口情形，分爲三區辦理，第一區設在河南蘭封，第二區設在河北長垣馮樓，第三區設在河北黃河南二段，以便分別興工，施行堵築，其工作情形，詳工振組章。

第六節　本會財政

本會經費，民國二十二年九月一日

國民政府訓令撥發國幣四百萬元，九月四日復

訓令行政院，轉飭財政部，將前項振款迅籌撥發，分行主計處及監察院，轉行審計部知照，是本會振款來源與其額數，均先經

明令規定。並以災情慘重。各處待振孔殷。特准先行撥款迅籌救濟。足見政府軫念災黎至意。兹將本會財政情形分述於下。

（甲）　預算　本會振款。既經規定總額。自須酌擬分配。以爲各項振務實施之準備。第二次常務會議。即依據實地考察情形。決議以一百五十萬元辦理冀魯豫三省災振事宜。以一百五十萬元辦理工振事宜。以三十萬元辦理衛生事宜。其餘七十萬元充機關經費及補助冀魯豫以外受災省分振務之用。並假定各項振務於十個月內完全辦竣。各就主管範圍。計畫支配詳分款目。彙編預算。依照法定程序。呈轉中央政治會議核准備案。

（乙）　會計　振務機關。對於振款出納之帳目。必須極端明晰。方足以昭大信。此次黃水汎濫。災區甚廣。各項振務。均須同時並舉。而本會係臨時設置之機關。所需多量之辦事人員。或向各機關調用。或就地聘調。對於中央歲計會計審計等法令。自未易普遍熟習。而救災振款之散放。與普通行政機關支用經費。情形不同。尤有不能拘泥通常手續之處。用於本會成立之初。訂定暫行會計規程三十條。(規程另附)經第二次常務會議決議。施行。並函准主計處審計部備案。以爲會計上處理之準則。一面於會章規定組織之外。別設稽核委員會。專事稽核帳目冊報單據。以臻嚴密。

(丙) 收入　本會經收振款。計共三百一十八萬九千五百二十六元二角五分。其間以財政部撥款爲大宗。國內外人士及團體自動捐助之款。亦有五萬五千餘元。本會存款利息等收入。計有一萬餘元。指定捐款與指定工款。由本會代收轉撥者。

計十七萬五千餘元。除收入各款細數詳載附表外，謹將各款收入情形，略述於左。

（子）財政部撥款　本款所列財政部撥款，以財政部撥付本會充振款之用者爲限。先後凡十三次，計共二百九十五萬元。其間所列二十四年一月七日最後一次撥款二十萬元，係本會呈准由財政部擔保，向中英庚款董事會息借之款，以未屆償還期限，而本會亟待結束，商准部會將該項債務，移轉於財政部，原借之款，作爲撥款，於該日向國庫轉帳者，並非於結束將竣之際撥入之現款。至於財政部所撥黄河堵口工程費十萬元，係與河北省政府合辦堵口工程所需，中央另有專案，且工程未竣，不及由本會報銷，而該項經費之來源不一，亦未便分割報銷，故列爲代收款，照數轉撥黃河堵口工款保管委員會核收，以清界限。

（丑）個人及團體捐助款　本款所列個人及團體捐助款，凡二十二戶，計共五萬五千六百七十元九角六分。本會原不向外募捐，此項均爲自動捐助，隨即填給印收，送捐款人收執，以資徵信。所收捐款，即歸入振款帳內，合併支用。其有指定用途者，則照捐款人意旨辦理，另立專帳，不與他項振款相混。故陳嘉庚君指定捐助山東省急振七萬三千五百三十九元五角八分，列爲代收款，照數轉撥山東省政府核收，不在本款範圍之內。

（寅）雜項收入款　本會收入款項，悉存中央銀行，其利息按期結轉，各組領存經費所生之利息，亦於結束時報解。此外災區振務機關之零星器具物品，間有爲便於結束，並免轉運損失起見。就地變賣。以所得價款報解者。悉列爲雜項收入。計凡十五項。共爲一萬零三百一十五元七角一分。其細目詳具附表。

(卯) 代收款　本款所列代收款。以本會曾經收納。照數轉撥指定機關核收使用。不歸入本會預算範圍內列報者爲限。一爲陳嘉庚君指定捐助山東省急振款七萬三千五百三十九元五角八分。一爲財政部撥黃河堵口工款保管委員會堵口工程費十萬元。其情形已於上列一二兩項內詳述之。

(丁) 支出　本會支出款項。可別爲兩類。一爲本會支用者。如附表所列之行政費災振費工振費衛生費等。一爲撥由他機關支用者。如附表所列之補助費轉撥款移轉款等。除支撥各款詳載附表外，謹將支撥情形略述於左。

（子）行政費　本款所列行政費，包括總辦事處總務組財政組災振組工振組衛生組稽核委員會等七部份經費，及開辦查勘視察結束等費，其支用期間，最短者爲衛生組，計八個月，次爲災振工振兩組，計各十五個月，總辦事處（總務組後經併入）暨財政組稽核委員會，各爲十七個月，總計支出爲二十三萬二千九百九十元八角三分。

（丑）災振費　本款所列災振費，包括急振棉衣振糧種籽等費，及災區辦事機關等費，此次辦理災振以發放衣糧及設廠留養爲主，手續較爲繁重，自開辦以迄結束完竣，計達十四個月，總計支出爲一百零五萬二千四百六十四元三角六分。

〔寅〕工振費　本款所列工振費，包括排水堵口修隄修壩防汛等工程費，及工程員司薪費，各區工程處等經費，以工鉅款艱，截至二十三年十一月份止，尚未完全竣事，爲免因局部未完事項，影響於全部之結束起見，將十一月以後工程，移歸全國經濟委員會水利委員會主管，所需費用，由該會代核轉報，工振費之歸本會彙報者，以截至二十三年十一月份爲止，計共一百三十一萬零六百五十二元六角一分。

〔卯〕衛生費　本款所列衛生費，包括醫療器具藥品材料等費，及災區辦事處醫隊等經費，此項衛生事務，於二十三年四月底辦理完竣，實支經費共爲十二萬五千三百二十元一角二分。

(辰)補助費　本款所列補助費。爲撥補冀魯豫以外受災省區辦理振務之款。計撥陝西省二十萬元。寧夏甘肅山西三省各二萬元。共爲二十六萬元。

(巳)借款利息　本會於二十三年二月間振款不繼。而工程需要。刻不容緩。因經呈准由財政部擔保向中英庚款董事會息借二十萬元。預扣一年利息一萬元。迨屆結束。商准將此項債務移歸財政部履行。其預扣利息。歸本會報銷。本款所列。卽屬此項預扣利息之支出。

(午)轉撥款　本款所列。卽爲收項所列之代收款照數轉撥者。其情形己如上文所述。

(未)移轉款　本會亟待結束。而黃河堵口工程。尚須繼續辦理。因將未完事項移轉全國經濟委員會。交由全國水利委員會管轄．並由本會按工振組所需三個月之經常費（每月三千五百元）及工務費（每月四千元）計共二萬二千五百元．移轉全國經濟委員會．所有工振組十二月份起之開支．歸該會核辦．本款所列．卽屬上項經費．

總上所述．收入凡四款．計銀三百一十八萬九千五百二十六元二角五分．支出凡八款．計銀三百一十八萬七千四百六十七元五角．收支相抵．結餘銀二千零五十八元七角五分．業經掃數解交國庫核收．以資清結．茲將收支各款．依其來源性質．分別結算．編製總表．附列於後．以供省覽．

黄河水災救濟委員會收支總表（二十二年九月二十一日起至二十四年一月三十一日止）

收項

摘要	金額	附記

一、財政部撥款　二、九五〇、〇〇〇〇〇

二十二年九月二十三日撥到	三〇〇、〇〇〇〇〇
二十二年十月十八日撥到	三〇〇、〇〇〇〇〇
二十二年十月二十七日撥到	一、〇〇〇、〇〇〇〇〇
二十二年十二月四日撥到	二〇〇、〇〇〇〇〇
二十三年二月十三日撥到	一〇〇、〇〇〇〇〇
二十三年二月二十一日撥到	三〇〇、〇〇〇〇〇
二十三年四月四日撥到	一〇〇、〇〇〇〇〇
二十三年四月十九日撥到	三〇〇、〇〇〇〇〇
二十三年六月一日撥到	五〇、〇〇〇〇〇
二十三年八月二十六日撥到	五〇、〇〇〇〇〇
二十三年十月二十五日撥到	二〇、〇〇〇〇〇

二十三年十一月八日撥到	三〇、〇〇〇〇〇	
二十四年一月七日撥到	二〇〇、〇〇〇〇〇	此係本會向中英庚款董事會所借之款向財政部轉撥者
二、個人及團體捐助款	五五、六七〇九六	
朱學一君	二〇〇〇	
京滬滬杭甬鐵路特別黨部	五〇〇〇〇	
統一紗廠同人	一二五〇	
中國國民黨浙江天台縣執行委員會	三二〇〇	
瓜勞雪蘭莪華僑籌振會	六〇三一三	
金陵女子大學自治會	五二四四六	
司法行政部同人	一五七三五	
許順大銅錫公司	一〇〇〇	
胡明文胡明正君	一〇〇〇	

南京戲曲音樂院籌賑會特約程硯秋君演戲助賑款	三、〇〇〇〇〇	
菲律濱三寶顏華僑救國會	[illegible]〇〇〇	
唐湘女士	二〇〇〇	
神戶播磨町十七番林孚號	三五〇〇	
勤耕記	一〇〇〇	
新加坡華僑	一八、七〇二八九	
峇株巴轄華英劇社總理楊伯樂君籌助款	五八七七二	
上海中法工商銀行足球隊	二一七	
新加坡中華總商會	三〇、〇〇〇〇〇	此項捐款分匯汴、滬到一筆二萬一千元一筆九千元合如上數
交通大學學生自治會	六九〇〇	
生活週刊社	一六四三〇	
隴海鐵路第三區黨部黃災急振團	一四三四四	

中華海員水災振濟會	八二七〇〇
三、雜項收入款	一〇、三一五七一
南京中央銀行二十二年下期利息	二、九八〇一九
上海中央銀行二十二年下期利息	二八五九二
上海中央銀行二十三年上期利息	二三一三三
南京中央銀行二十三年上期利息	二、〇〇六七七
災振組繳還存款利息	四五六一四
災振組繳採運股存款利息	三五七五五
災振組繳河南查放處存款利息	三二五三〇
災振組繳山東查放處存款利息	三三一九四
南京中央銀行二十三年下期利息	六一〇四六
財政組繳經費款存款利息	一五七六

摘要	金額	附記
南京中央銀行二十四年一月利息	四四一四	
災振組繳河南查放處蔴包變價	二、五五二〇五	
災振組繳河南查放處器具變價	六四五九	
災振組繳河北振委會器具變價	三九五五	
災振組繳河南餘糧變價	一四〇六	
四、代收款	一七三、五三九五八	
代收陳嘉庚君指定捐助山東省急振款	七三、五三九五八	此係指定用途之專款照數轉撥
代黃河堵口工款保管委員會向財政部領入工程費	一〇〇、〇〇〇〇〇	同前
收項共計	三、一八九、五二六二五	

付項

摘要	金額	附記
一、行政費	二三三、九九〇八三	

項目	金額	備註
總辦事處經費	三九、四五〇五四	總辦事處與總務組經費自二十三年十月起合併報銷計算書內以科目及累計關係仍暫照劃分編列本表內該處組列數係以計算書列數為準
總務組經費	六四、五五七四三	
財政組經費	一三、八六〇二三	
災振組經費	四九、〇〇三二八	
工振組經費	三八、七七六二七	此係截至二十三年十一月分止之支出數其十一月以後之支款由全國經濟委員會代核轉報
衛生組經費	一四、〇五〇八七	
稽核委員會經費	一三、二九二一二	
二、災振費	一、〇五二、四六四三六	
急振費	四五七、三七九六六	
棉衣費	三四五、十四七二〇	
振糧費	一一八、三〇七五二	
運輸費	二四、六七四五三	

項目	金額	備註
災區振務委員會經費	五、一四五、六二	
魯豫採運辦事處經費	一〇、七八四、三九	
各查放處經費	三三、二一二、一五	
各查放分處經費	三六、八七六、二一	
其他振務費	二〇、三三七、〇八	
三、工振費	一、三一〇、六五二、六一	此係截至二十三年十一月分止之支出數其十一月以後之支款由全國經濟委員會代核轉報
排水工程費	二四、三三九、二六	
堵口工程費	七〇八、二七五、三一	
修堤費	一七六、四六二、五〇	
修壩工料費	四七、二六二、一一	
防汛工料費	一五、五一四、八五	
儀器費	二六三、二五	

機械費	七、四二〇	六七
工具費	八、九九八	七六
工料運輸費	一〇七、四四六	一五
其他工程費	八七、〇三一	二四
工程員司俸給費	二四、〇四九	四〇
工程員司出勤費	一一、一一三	二五
工程員司旅費	一七、七三七	五八
工程員司特別辦公費	一、〇〇〇	〇〇
第一區工程處經費	一一、五〇九	三八
第二區工程處經費	五二、三八六	二三
第三區工程處經費	六、八二七	四九
工程開辦費	三、〇一五	一八

四、衛生費	一二五、三二〇一二	
器具醫藥費	六七、二四〇五九	
災區辦事處經費	一七、二七〇〇八	
醫隊經費	四〇、八〇九四五	
五、冀魯豫以外受災省區補助費	二六〇、〇〇〇〇〇	
陝西省政府振款	二〇〇、〇〇〇〇〇	
寧夏省政府振款	二〇、〇〇〇〇〇	
甘肅省政府振款	二〇、〇〇〇〇〇	
山西省政府振款	二〇、〇〇〇〇〇	
六、借款利息	一〇、〇〇〇〇〇	
中英庚款董事會借款利息	一〇、〇〇〇〇〇	借款總額二十萬元年息五釐預扣一年利息如上數
七、轉撥款	一七三、五三九五八	

項目	金額	備註
陳嘉庚君捐助山東急振款撥交山東省政府	七三、五三九五八	此係以收項所列之代收款照數轉撥
轉撥黄河堵口工款保管委員會堵口工程費	一〇〇、〇〇〇〇〇	同前
八、移轉款	二二、五〇〇〇〇	本款內一萬零五百元爲工振組三個月經費一萬二千元爲三個月工務費移交全國經濟委員會接辦堵口未完工程之用
移交全國經濟委員會接辦黄河堵口未完工程費	二二、五〇〇〇〇	
付項共計	三、一八七、四六七五〇	

上列收付各款相抵計餘二千零五十八元七角五分業經掃數解交國庫核收以資清結合併註明

第二章　災振組辦理經過情形

第一節　災振組成立及計畫

（一）組織

本會災振組於九月初旬正式成立，派席德炯為該組主任，該組內部，分設總務、查放、採運三股，採運股於濟南設立一採運辦事處，以便隨地採運振品，其關於實地調查振品施放各項事宜，則於冀魯豫三省各設一查放處以綜理之，查放處以下設立查放分處，辦理該管區內調查戶口發放振款各事，又於每省設立災振委員會，聘請各該省官廳及地方負有物望士紳充任委員，又聘請受災縣分各縣長，為各該縣查放分處會辦，以備協助查放處及分處進行一切，詳見災振組組織系統表。

（二）災振計畫

該組組織粗定之後，期能以最經濟之方法，收最宏大之實益，自以籌辦急振急救垂斃難民爲要務，於是分別各區被災情形，成立粥廠或收容所等，俾無告之老弱婦孺，及極貧之壯丁，不至展轉溝壑，一面施放棉衣振糧，使一般災民，得免凍餒之苦。又因大災以後，鄉村閭糧畜蕩盡，轉瞬春荒，更難爲計，當於冬振後，發放種籽，助使復業，其道路橋樑之被水淹冲者，亦令當地壯丁，隨時修復，給以相當工資，使災民與地方同蒙其利，計畫既定，乃擬訂各項查放章則，並將指定振款，酌量分配各被災省分，其數量之多寡，皆經下列之詳細審查討論，而後決定焉。

一、災民目前切迫之需要。

二、蘇復農村之最重要條件。
三、各省災情之輕重。
四、各省災區之廣狹。
五、各省災民約計之多寡。而尤注意於非振不生者。
六、以款不虛糜民沾實惠爲原則。一方力謀事務費之減省。一方力謀所發之振款振品。能適合災民極重要之需求。

茲將災振經費支配預算數目列下。

科目	預定數
急振	400000元
振糧	390000元
棉衣	200000元
運輸	60000元
籽種及復業	350000元
災區事業費	100000元
共計	1500000元

第二節 振濟概況

(一) 調查

災振組主任席君德炯接任之後，即日乘坐飛機，親往災區視察，由南京飛往，歷城武金鄉嘉祥濟寧等縣，北經東阿至濟南，復由濟南沿黃河而西，經東阿壽張濮縣長垣以達開封，又由開封東歷蘭封考城菏澤定陶，過徐州而返南京，又派員前赴各地切實調查，並搜集各縣政府地方團體及私人報告，詳加分析比較，以備助振濟計畫之實施。

（甲）各縣受災情形　當災勢初成之時，洪流淹沒之區，漫無涯際，洪水退落，村舍田園，沙泥壅塞，高積尋丈，數十里之內，悉成荒廢，爛泥沒骭，徒步舟行，均遭梗塞，加以災民蓋藏罄盡，椽桷無存，顛沛情形，難以詳述，長垣考城一帶決口之處，堤埝崩潰，水勢奔騰，高出堤岸六尺至一丈不等，長垣下游，如滑縣濮縣范縣壽張陽穀一帶，匯瀦之水，既不得宣洩，而決口之巨流，復灌注不已。數縣之間。樹僅見梢。屋惟露頂。田廬飄沒。積屍浮沉。其南注菏澤及蘭封者。情亦相同。審核結果。其災情最重之區。河北則有長垣濮陽東明三縣。山東則有壽張陽穀范縣濮縣東平菏澤鉅野七縣。河南則有滑縣考城蘭封温縣封邱武陵六縣。其淹灌之區域較次者。又有山東之東阿城武肥城長清鄆城鄄城定陶單縣曹縣魚台金鄉濟寧汶上嘉祥。河南之虞城民權商邱孟津陳留陝縣孟縣鞏縣沁陽汜水開封鄭縣中牟廣武靈寶等二十九縣。當籌辦急振漸次就緒時。即開始辦理冬振。而石頭莊凌災復作。維時氣候正寒。下游凍合。上游則時凍時解。解時下游既已閉塞。遂向災區注瀉。長垣滑縣。適當其衝。受害最烈。冰塊逾丈。利如鋒刃。隨浪狂趨。當者摧毀。災民悉陷於冰窟。救護者用大船犯凌入村。遇有堅冰。輒不易破。

災民涉冰而渡。每值冰凌淺薄。則立墜玄淵。其慘酷情狀。蓋非言可喻者矣。

（乙）災民生活狀況　洪水初來。其勢至猛。災民迫於逃命。登屋攀樹。以待拯救。迨水勢稍定。遂漸聚於高阜堤頂。從來旱荒之歲。災民尚有草根樹皮可食。今則並此而無之。雖間有公私團體。前往施振。而災民既衆。振品不敷。收容所經費亦復有限。水勢稍退。災民逃歸者。田舍家具。一無所有。亦復惟振是賴。其水退之區。雖能稍事耕種。而無種可播。且水漲之後。沙淤性寒質緊。禾苗秀而不實。收穫之期。正未可望也。

（二）計畫實施

施振計畫既定。遂乃積極進行。印就各項振票。發交各查放處。並將振款振品分批匯運至各查放處。轉交查放分處。遵照章程施放。其詳情列後。

（甲）急振　急振用現款發放。共四十萬元。另發凌災急振一萬二千元。內有二千元係凌災危急時。工振組墊放後。由財政組撥還歸墊。總共四十一萬二千元。計發河北十一萬二千元。山東二十萬元。河南十萬元。其中山東有十萬元係由財政部匯交省政府韓主席轉交山東振務會施放。餘均由工振組撥交各查放處。再由查放處會同各該省災振委員會。妥慎商定。分配於各受災縣分。然後由查放處撥交各分處。於查戶完畢後發放。發放時均以人口分配。計每人普通約得一二元。蓋災區生活程度。至苦至低。得急振一二元。即足延一二月之命。以待振糧之發放也。其詳細數目。見河北山東河南臨時急振及凌振表。

（乙）振衣　災振組發放各地之振衣，共二十一萬套，又各慈善家及團體捐助者，共一萬一千零四十七套又一件，該組初在上海定製十萬套，以十三磅藍粗布爲面，十一磅白粗布爲裏，每套用黃花二斤，由匯利寶大兩軍服廠承製，裁製時飭由採運股隨時派員前往監視，是項棉衣，於十一月十日前分爲五批，次第製竣，隨時函請鐵道部運往各災區散放，以期迅速，其後山東查放處以災區過廣，所得不敷分配，籲請加製一萬套，復就近在濟南厚德貧民工廠，如數添製，布疋亦用該廠所出者，第三次常務會議後，復加製婦孺棉衣十萬套，遂續在厚德貧民工廠添製一萬套，餘九萬套仍在上海定製，布色成分，比照舊式，婦女每套用黃花二斤五兩，童衣一斤五兩，由匯利寶大大昌三軍服廠承製，於一月八日全數製竣，分運災區，其分配各災縣數目。仍由各查放處商同各該省災振委員會妥慎定之。詳見冀魯豫三省棉衣支配及實放表。

(丙)振糧　災振組發出振糧之款。共十五萬八千五百元。計河北五萬元。山東六萬元。河南四萬八千五百元。除山東悉數移辦粥廠外。餘均由各查放處會同各該省災振委員會酌照災區廣狹災情重輕。分別酌定。由採運辦事處派員攜款赴災區附近各地採購。在初定此辦法時。原擬藉以調劑農村經濟。並減少運輸之煩。後以交通不便。各地衡量。又復不一。兼之邊僻各縣。難得大宗糧食。遂不得不改在交通適中之較大市鎮採辦。其本縣交通便利者。仍就各縣境或其附近購之。至採辦振糧臨時辦法及承攬據。則先由災振組規定。頒交各採運人員遵照辦理。承攬據中所有各項手續。均經嚴格規定。每次購買時，採運人員與商號議定各節，均須詳細簽訂其上，以資查核。所購之糧，約分小米紅糧兩種，其分配於各災縣實數，及各災縣實放數，詳見散放冀魯豫振糧表。

（丁）粥廠及招待所　各查放分處成立，係在二十二年十月間，其時天氣已漸寒冷，災振組因擇災情特重及災民麕集之區，設立粥廠及招待所，俾使老弱暨極貧者，有所安處，免致流離死亡之慘。招待所之設，均依照收容所大綱辦理，而略爲變通，期能適應特殊環境。凡食粥及被收容戶口，先由調查員調查清楚，確屬非振不生者，然後給與收容證，令其來所，或給與領粥證，令其按日赴廠支領，至招待與放粥方法，則各視地方情形，與當地官紳之意見，分別而定。其先在山東則於菏澤濟寧濮縣范縣東平壽張陽穀各設一粥廠，計共七廠，在河南則於滑縣設三粥廠，鄭州設一招待所，開封設二招待所，計共三粥廠三招待所。嗣以山東災民過多，乃於東平加設一粥廠。河南因滑縣災情過重，災民就食外縣者，須至道口候車，又於道口加設一移民招待所。河北則先以當地官紳之主張，未設粥廠，繼覩魯豫等省成效，亦於長垣東明濮陽各設一粥廠，計共三廠。統計前後共設十四粥廠，四招待所，雖因經費制限，未能將應振災民儘量收容，然每日食粥及收容者，爲數甚夥。其河南開封兩招待所收容之難民，均經施以相當教育及工作，災童則授以初級常識課程，壯丁則令其於沙壓之地，試植各種樹苗，婦女則發給針綫布疋，令其縫做鞋襪，供災民應用，以免養成偷惰之習。

(戊)以工代振　支配各災區縣分之振款，間有分撥一部分辦理小工振，其利益較之全數發放振款或振品爲大，因此次水災，各地建築物多經冲毁，低窪之處，積水多時不退，各災區有以上情形，災振組在可能範圍之内，准酌撥該區所得振款或振品之一部，舉辦或津貼辦理小工振，惟所撥給之款，不得超過該災區振款或振品總額之半，以示限制，計陝縣曾撥振糧一萬七千五百六十六斤，補助該縣西關建橋，該橋扼東西交通之要衝，橋成後行旅稱便，而地方亦得增繁富，又武陟縣第一區南部因地勢低窪，積水久不得退，該組以地方之請求，當撥振款一千元，於八里岡村南挖洩水幹渠一道，長約二里，渠之東頭復挖横渠一道，向東南約百餘丈，向北約八十丈，更於横渠挖掘井口，用槹斗澆灌兩旁田地，計用災民五百三十人，工作十三天，將積水完全洩盡，得成膏腴之田一萬一千餘畝。灌田二千餘畝。

（己）實振災民統計　此次黃災。沿河各省縣。胥蒙其害。災民達二百萬以上。災振組既已力加振濟。而地方官紳之熱烈協助。其有益於事功者。亦至深且鉅。共計振濟災民約共一百零一萬五千四百二十七人

（庚）各處查放情形　振款振品之發放。凡屬災民。應當普及。第以災有輕重。戶有貧富。一區之內。受災雖同。實際亦有歧異。康裕之家。有產業在災區外者無論矣。其有親友可資借貸者。亦無需於振。惟赤貧戶口。平常生活。已處艱窘。一遇災祲。自非振無以爲生。災振組所認爲應受振者。即以此等災民爲標準。而尤注意於老弱。其法先由查放員攜帶振票。前赴各受災鄉村。挨戶調查應振災戶。給以振票。票上書明應給量數及口數。

而每一災戶之中。遇有工作能力足圖自存之壯丁。仍剔除之。若工作而不能支持其生活。或災區無工可做時。則合二人或三人給以一口之糧。每一縣或一區調查完畢。即行發放。蓋早發一日。即災民早一日得食。其受災最重之處。發放之期。亦必提早。每次發放。皆先數日將規定之發放地點日期。佈告災民。屆時由當地縣政府及公團士紳監放。以昭公允。而嚴監察。此次各處放振。災民皆能遵守秩序。惟查戶時水多未退。必須乘船繞道前往。已退之區。往往泥深數尺。加以災區漫廣。故所費時日較多。其尤感困難者。當凌汛驟發時。河北有查放員徐仁夫劉飛白二員。正在黄二村蘇村一帶查戶放票。災耗突來。徐仁夫困於黄二村。劉飛白困於張莊。數日後始經村民救出。其他查放員之僱船往拯。衣饃並施。其奮不顧身之精神。蓋有足多者焉。其在河南則有陳宋如遇匪一事。陳爲派赴沁陽之查放員。適值該縣股匪迫城。被擄逃回。振票而外。僅以身免。此外三省種種查放工作。除責成查放處主任督促進行。一面由組派員視察指導外。復經席主任再赴災區考覈。成績均屬優良。

第三節　辦理結束

災振組原定計畫。本擬於振糧放完後。再放種籽。藉使耕穫不愆。免致再釀荒歉。後以本會經費有限。各地方政府亦籌有相當之振濟。因將各查放分處粥廠及招待所。先後於四月中結束完竣。各省災振委員會亦即於四月撤銷。（河北災振委員會五月底撤銷。）各查放處則以在分處結束後。須將未完各報銷及票根等整理完畢。統於五月十五日以前一律裁撤。所有各屬報銷票根等。均由災振組審核後。移交稽核委員會核銷．計災振組自二十二年九月初旬成立．迄二十三年十月結束．爲時計十四個月．共用振款一百零五萬餘元．

第三章　工振組辦理經過情形

第一節　調查災況

本次黃河潰決，災區極廣，工振組辦理堵築重要工程，均先實地調查，而後從事工作，茲先將河流潰決各口及其潰決原因略述之。

（一）決口處所

按二十二年，豫冀兩岸漫決計共五十八口，豫省境漫口在溫縣境內者十八處，在武陟境內者一處，（當由該縣徵集民夫堵塞）在蘭封縣境內者有二處，即銅瓦廂黃河故道口小新堤決口及四明堂直冲考城之決口是也，冀境在長垣縣境北岸計太行堤六口，及大車集至李石頭莊三十口，其中李石頭莊原有二口，聞係於八月三日，被匪掘決，未及全部堵閉，而十一日洪水峯至。乃復漫決。冲成一口。南岸之小龐莊亦有一口。以上漫決各口。其中如蘭封四明堂東明小龐莊及長垣各堤。亦遭漫決。濁水循地勢漫流。致豫東冀南魯西各區。同受其害。魯省被水面積。且較冀豫爲多。惟災情當以冀省爲最重。蓋冀南被水之處。適當漫潰之衝。膏腴之地。多爲河沙淤沒。沃壤變爲沙漠。不僅本年受害已也。所有漫決各口。在蘭封考城温縣及長垣之太行堤大車集小龐莊一帶。均於水位低降時。自行斷流而成旱口門。不難堵塞。惟香亭燕廟石頭莊三大口門。水流湍激。自馮樓直注至此。已奪全河正流。搶堵至感困難。

冀豫黃河決口一覽表

決口地址	堤岸	決口寬度（公尺）	決口平均深度（公尺）
河南蘭封耳把寨 銅瓦廂	南岸	三四〇	五、〇

袁寨	四明堂	南岸	一四〇	六、五
温縣第一決口	張莊	北岸	四五、〇	三、二
第二決口	張莊	北岸	一一、九	〇、五
第三決口	張莊	北岸	三七、九	三、三
第四決口	張莊	北岸	二七、三	一、四
第五決口	劉大莊	北岸	一七、九	二、〇
第六決口	關舊莊	北岸	三七、二	一、二
第七決口	關舊莊	北岸	三五五、三	一、六
第八決口	關舊莊	北岸	一九五、三	二、一
第九決口	關舊莊	北岸	四六、六	〇、三
第十決口	閻莊	北岸	二〇七、〇	〇、六
第十一決口	閻莊	北岸	三〇、八	一、六

第十二決口	閻莊	北岸	四五、四	〇、七
第十三決口	閻莊	北岸	三一、二	〇、七
第十四決口	閻莊	北岸	一四、九	〇、六
第十五決口	小營	北岸	三五、九	〇、六
第十六決口	温縣洪上界	北岸	三五、二	〇、八
第十七決口	温縣洪上界	北岸	五七、九	〇、六
第十八決口	温縣洪上界	北岸	二八、四	〇、八
河北長垣太行堤第一決口	滑寨	北岸	六三、〇	
第二決口	陽河	北岸	八六、〇	
第三決口	陽河	北岸	四一、〇	
第四決口	陽河	北岸	一二二、〇	
第五決口	楊莊	北岸	四六、〇	

第六決口	楊　莊	北岸	六〇、〇	
河北長垣第一決口	大車集	北岸	七二、〇	四、一
第二決口	梁家寨	北岸	六〇、〇	五、七
第三決口	梁家寨	北岸	七九、〇	四、一
第四決口	梁家寨	北岸	一〇五、〇	五、〇
第五決口	梁家寨	北岸	五九、〇	六、一
第六決口	東了牆	北岸	一三八、〇	六、〇
第七決口	東了牆	北岸	二三、〇	二、三
第八決口	東了牆	北岸	五五、〇	四、五
第九決口	東了牆	北岸	五〇、〇	四、三
第十決口	東了牆	北岸	八一、〇	三、九
第十一決口	東了牆	北岸	一一四、〇	四、五

第十二決口	馬房	北岸	二六四、〇	三、八
第十三決口	馬房	北岸	二九、〇	三、七
第十四決口	九股路	北岸	七八、〇	三、五
第十五決口	九股路	北岸	一〇二、〇	四、三
第十六決口	九股路	北岸	二四、〇	二、八
第十七決口	九股路	北岸	一四六、〇	五、五
第十八決口	九股路	北岸	一六二、〇	四、四
第十九決口	楊橋	北岸	六七、〇	五、三
第二十決口	楊橋	北岸	三二、〇	三、三
第二十一決口	香里張	北岸	一五八、〇	四、四
第二十二決口	香里張	北岸	二九、〇	三、七
第二十三決口	紙坊集	北岸	八五、〇	三、四

第廿四決口	紙坊集	北岸	一一四、○	三、六
第廿五決口	劉寨	北岸	一八八、○	三、六
第廿六決口	香亭	北岸	一四一、○	三、○
第廿七決口	香亭	北岸	八五四、○	四、三
第廿八決口	燕廟	北岸	一五○、○	三、○
第廿九決口	張武才寨	北岸	六○、○	二、一
第卅決口	石頭莊	北岸	三二五、○	五、七
長垣小龐莊	龐莊	南岸	九八五、○	

(二) 潰決原因

查黃河爲害，不獨流量過大，（據測估陝州去年最高水位二百九十七公尺四，最大流量每秒一萬四千三百四十七立方公尺，實超過數十年來所有紀錄，）水勢尤狹，夾泥沙以行，而泥沙又逐步沉澱。蓋河道自出孟津，兩岸地勢平坦，水流漸緩，水緩沙停，遂有沉澱之弊。下游河床，年有增高，現近海河床，已較數十年前之大清河底增高三十餘尺。水性就下，而下游淤積，排洩不暢，洪流經過之處，水位無形增高，而冀豫河堤，又以經費拮据，久失培養之工，堤身卑矮，尋常洪水時期，已覺防不勝防，遇有非常洪水，更難安全抵禦。此次洪水未至之時，三省當局得陝州流量電報，即飭地方政府及河務機關全體動員，勉事防禦，臨時復盡力搶護，但因水勢凶猛，而沿堤百孔千瘡，漫溢自不能免，及已漫決，搶護維艱，防守者頗有疲於奔命之勢，終乃漫決，致成冀魯豫三省之巨災焉。

兹將各處決口情形分述於後

（甲）蘭封

蘭封黃河、自清咸豐五年銅瓦廂決口後、河深水小、尚無大患、近年來河床淤澱日高、形成坐灣、沙洲起伏、洩水不暢、大溜南移、口門雖經堵築、終以二十二年八月十一日水位過高、搶護無效、遂致漫決、水入故道、

(乙) 考城

考城民埝、本在蘭境四明堂村、後因與考城有利害關係、向歸考城縣負責修守、堤身卑薄、頂寬僅四公尺、一比二收坦、平均高約三公尺半、曾於清末決口一次、口門形成深潭、未經堵築、僅於臨河方面、繞作小越堤一道、堤身亦甚單薄、且正迎水溜、此次河漲過猛、由蘭封民埝奔騰而至、遂至漫決、

(丙) 溫縣

溫縣大堤、向係民修民守、堤身低短單薄、且土質不良、多含細

沙，自民初收歸官守後，屢次加修，已超過十數年來最高洪水位二尺以上。二十二年八月十日水位陡漲，又兼對岸洛水頂冲，增漲不已，且堤南漭河同時增漲，以致無處取土，搶護不及，遂致全堤漫溢，計冲成缺口十八處，殘破者不勝枚舉。

(丁) 長垣北岸

冀省黃河，在民國二十二年春水既旺，底水又深，伏水之大，自在意中。乃於八月三日北一段長垣石頭莊大堤，被匪掘開兩口，一長五十餘丈，一長二十餘丈，出水不多，正在進堵間，迭接陝州測站電報，河水更番陡漲，迨八月十日，又接該站急電，八九兩日河水暴漲一丈三尺，高於大沽海平二百九十七公尺、〇四，打破已往紀錄。十一日陝州大水驟至，先續漲約四尺餘，各段已拍岸盈堤，嗣又兩次續漲約四尺餘，北一段石頭莊。

首當其衝。兩口冲成一氣。張武才寨燕廟兩處。水已漫過堤頂。與南一段小龐莊同遭漫決。北一段燕廟香亭。又續漫兩處。而河水愈漲愈高。自石頭莊至大車集。水均高出堤頂二三尺不等。三十五里長堤悉浸水中。查該段大堤土性純沙。隨溜傾瀉。計北一上段共漫決大小溝口三十處。長者一百餘丈。短者二三十丈。并有十餘處。於十七日水落時。已見淤淺。其石頭莊香亭兩處。並將兩口刷透。併成一口。臨背河淤墊最高之處。有與堤平者。有高出堤頂一二尺者。各段堤頂之上。間有積淤一二尺者。則當時水面壅高之尺寸。較之沉澱之泥沙。勢必更高。尤可想見矣。

(戊) 長垣南岸

黃河南岸。在長垣縣境。雖占有五十餘里。因地處冀魯邊界。實際關係。以魯西之單曹定菏等縣爲重。遂由該數縣修成民堤一段。名曰山東小民埝。完全由山東民修民守。民國十二年兩省當局議決收歸官守。規定每年經常修守等費。由兩省分擔。三年後頗具規模。自十五年後。山東方面經費。因未照撥。民夫亦不上堤。二十二年大汛。堤頂低處。頗行普漫。八月十一日午刻。龐莊西北之大堤。遂告漫決。初決時。口門寬約一百九十餘公尺。嗣經大溜淘刷。口門展至龐莊西南。迨至勘估時。其寬度達一千三百六十餘公尺。水流已斷。惟口門下有積水溝一道。寬一百四十餘公尺。深三公尺許。溝底稀淤深約二三公尺。

(三) 被災狀況

(甲) 河南省災況　查豫省臨河險工。北岸西起孟縣東迄蘭封西壩頭。南岸西起滎澤東迄蘭封東壩頭。長約七百餘里。此次以水位過高，南北兩岸，均有漫決，幸水位降落後，各口即行斷流，未肇巨禍，然沿河各縣，所受水災亦頗重，尤以蘭封考城温縣武陟及滑縣為最，茲分述於後。

蘭封新堤上，水深約二尺，漫決後水由甄鋪循故道下流，已達蘇境，幸未出槽，尚無大患，惟蘭封民埝，以兩省毗連，事權不一，以致馬蹄迤北，省界相錯，尚有三里餘堤未完成，此次漲水即先由該處串入，初則漫溢，繼則成口，附近地畝，悉被淹沒，因漲落時間甚短，水溜甚急，落淤之地較少，沙覆之地甚多。

考城民埝決口後，水由廢堤南端浸入，直灌縣城中，水深七八尺，復東流入魯境，土質多有變為沙地者。

温縣大堤漫決一十八口，所有一二三各區灘地，均被淹沒，災區廣大，損失亦鉅，水退沙停，高三四尺不等。

滑縣自二十二年八月三日黄河西堤決口後，水由長垣漫溢本縣，尤以東南五六七各區，地勢低窪，被災特重，直至次年春夏間積水尚未退淨。

武陟縣自二十二年八月九日河水陡漲，民埝冲決，水由駕部村至西塘郭等處，沿鐵路下灌，勢若建瓴，沿灘村莊，悉成澤國。

（乙）河北省災況　二十二年八月三日石頭莊大堤被掘後，因距河既遠，出水無多，過堤隨即四散，經過各村，修築小堰，即可自衛，乃十一十二兩日，河水在本境暴漲一丈以上，時全河洪流，由三十里長堤及太行堤各處漫頂而過，堤外地窪，如建瓴倒峽，四瀉狂趨，不可遏止，近堤各村人民，逃居堤上，距堤較遠處，則避登高埂，其顧戀財物不及早避者，皆猱升屋頂樹梢，或用門扉板片，聯爲木筏，盡室偕逃，狂呼乞救，惟因水深流急，木筏既易冲散，并因樹拔屋倒，仍不免葬身澤國。災情之慘，言之痛心。兹將調查長濮東三縣被災各項狀況分述於後。

長垣縣於八月十一日兩岸漫決四十餘口，縣境適當其衝，每一口門冲成一渠，水高丈餘，波濤澎湃，一二日間全縣八百餘村盡成澤國，及水退之後，又多被沙泥壅積，高四五尺至八九尺不等，其面積佔全縣田地之十分之七、五以上，財產損失，數可驚人。

濮陽縣居長垣各口下游，大水由河南滑縣入境，災情以一、三、六、八、十、各區爲最重，其迎溜頂衝之新河溝，浮沙堆積，田禾被淹者十之三，財產損失亦鉅。

東明縣水由長垣南岸龐莊及考城袁寨決口下注，寬二里許，高一丈，直衝該縣一區分爲三股，一自齊王集等村沿河堤經二區八里店等村出縣境。一自馬軍營等村至縣城。與店子村水匯合北流。一自劉樓村至大小魚窩復分二支。一經二區趙海頭集。一經四區賀莊等村出縣境。全縣過水各區。被災尤重。惟該縣背河一帶向多積沙。此次漫決之後。因臨河溝頭堵塞極早。緩溜之處。積成新淤。瘠土變成沃壤。故大災之後。尚可望豐收以抵損失也。

附凌汛災況　查黃河凌汛期內。河冰時結時解。每結解一次。因海口天氣較寒。尚未解凍。而各河所漲凌水。宣洩不暢。勢必被壅抬高。且有巨塊冰凌。層疊如山。挾溜狂趨。其破壞力尤爲偉大。民國三年濮陽雙合嶺堵口工內。該縣小郎中村被凌水冲潰村堰。村民死亡及半。民國十三年。山東宮家壩堵口工內。亦因凌汛陡漲。人民淹斃頗多。此次凌汛於二十三年一月十四五日凌冰陡見盛漲。石頭莊臨背河各村。均水深二三尺。以堤外各村。災情較重。乃由工振組先撥工款二千元。盡力振救。計共救出災民三千餘人。祗淹沒小孩一人。牲畜一百九十六頭。

(丙) 山東省災況　河北長垣北岸石頭莊至大車集一帶。計三十口門。其水東北流經河南滑縣河北濮陽。沿金堤至山東之濮縣范縣壽張陽穀。由陶城埠重入本河。此一派也。其南岸漫水自小龐莊決口向東南流。經河北東明縣至山東之菏澤鄆城鉅野嘉祥魚台濟寧等縣而入南陽湖。此又一派也。其自蘭封四明堂決口東北流經考城縣境。至山東之曹縣城武單縣金鄉等縣而入獨山湖。此第三派也。魯省居冀豫下游。此次決口雖不在山東。而山東所受之災祲。則不亞于冀豫。省界與

河系不能一致。此統一水利機關之所以必要也。茲將山東各縣被災狀況。摘要分列於後

濮縣因長垣決口之水。東流入本縣。八月十五日以後之一週間。全縣盡成澤國。

鄄城於八月十五日黃水入境。全縣六區被災者四區。康屯民埝。多被冲毀。

范縣因石頭莊決口後。狂流於八月十五日順金堤入境。朱樓莊一帶。水勢尤烈。

壽張於八月十六日河水自長垣決口處流抵縣境。深達一丈。勢極汹湧。

東阿於八月二十二日黃水陡漲。倒灌狠溪河。禾沒屋倒。益以二十五日小清河同時漲水。縣城東西北三門悉被淹沒。至城

外關村廟頭一帶，災情尤重。

菏澤於八月十一日東明二分莊決口，河水順流東下，橫灌菏境，寬三四里，深五六尺，十四日又大雨傾盆，縣城東西北三方，悉成澤國，災情最重者十二鄉，較輕者五鄉。

鄆城於八月十七日黃水由菏入鄆，被水村莊，幾達全縣四分之一，二十二日復以壽張黃花寺潰決，鄆北金堤外，各村幾全被淹。

鉅野於八月十七日河水由劉長潭入境，至十九日更由西鄉遍地而來，直奔洙水西岸，災情以一七兩區爲最重。

嘉祥於八月中旬黃水由洙水河入境北，經趙王河南注，寬約十餘里，深四五尺。

曹縣黃水分兩股，一經黃河舊道，波及十餘里，深約丈餘，一經沙河白花河東流，泛濫可數十里。

城武縣護城堤，於八月十四日後，東南兩面，相繼浸潰，因遭淹沒，其縣境田地被淹亦多。

單縣於八月十六日，由蘭封決口之水流抵縣境，城北被淹較重，黄河舊道二灘之地，均被冲刷。

金鄉縣自沙河李莊秦莊相繼決口後，至八月二十九日方告堵塞，而劉堂及東西隋林各舊堤又決，更以同月二十三日單縣洛城八里河等處決口，水由西南灌入本縣。

第二節 工振組成立

（一） 組織

溯自黄流暴漲，淹及冀魯豫三省， 國民政府軫念民瘼，先令黄河水利委員會從事勘查，分三臨時區，各設工程處，籌備修堵事宜。至本會成立後。黃河水利委員會。既由會節制統籌辦理。本會並設立工振組。派周象賢爲該組主任。旋又以孔祥榕曾主持堵築永定河決口事宜。乃聘兼本會總視察。二十三年二月間周主任象賢辭職。遂派孔祥榕繼任工振組主任。該組辦理以工代振。重在堵口。而汴滬兩地。相距遙遠。指揮不便。乃將工振組大部分移汴辦公。並於馮樓設立工振組駐汴辦事處。就近督促進行。

工振組以堵塞決口修復堤壩排除積水等工程。就其職掌範圍設總工程司一人。事務工務兩股。各設主任一人。第一第二第三三工程處。各設處長一人。承組主任之命。率所屬主任工程司正副工程司視察員技術員股員辦事員等。各就職責。分掌本組各項工程事務。

至工程處處長，均就有關係各省之河務局局長承充，處內職員，亦多就各該局酌量調用，分別經辦各區工程，俾資熟手而專責成。

該組又設立工程委員會，審核一切工程計畫，並彙送組主任核定後，轉飭各區工程處施行之。

（二）擬定規則

工振組組織既定，更進而計畫工振實施辦法，乃由該組擬訂各項章則，如工程處辦事大綱，及工程段事務所辦事大綱，並施工大綱，堤工須知，災工招編辦法，發給工價標準等，均次第規定，以利進行。

又以辦理工振，貴有翔實紀載，該組復製定各種表格，分發各區工段，遵照填造報告，以資審核，關於工作情形，則有工作簡單報告。關於購運材料情形。則有購運檢收請領支用等表。此外又訂徵用民地搬遷墳柩等調查表。均由監工員及轉運員按式填報。經段工程司審核彙報各區處長。藉資查考。其表式均詳爲規定。

（三） 各項交通設備

堵築工作。雖賴妥善之計畫。但消息之傳遞。物料之供給。在在有賴於交通之便捷。該組早籌及此。除向有關係各機關商請援助外。更力謀交通設備之完全。以資應用。茲分述於後。

（甲） 電話及無線電台　黄河溜勢。朝夕變更。而水位漲落。與工程進行。關係尤爲密切。若不隨時傳達消息。必至事倍功半。貽誤要工。該組除利用沿河河務局所設長途電話外。並向交通部借用六瓦特無線電機四架。於十月初在開封蘭封濮陽霍寨四處，依法裝置，並調用該部熟練人員，管理其事。

(乙)汽車汽船　工振組所屬各區，以測量口門查勘工情，與臨時添購料物，極費周折，於十二月間，向滬埠定購道奇運貨車二輛，派克汽車一輛，馬達船二隻，又向全國經濟委員會借用小汽船一艘，分由京滬津浦隴海等路，運至蘭封及黃河北岸轉運工次，俾資應用。

(丙)輕便鐵道　工振材料除由各路火車轉運外，該組曾在蘭封火車站，鋪築輕便鐵道，直至蘭儀渡口，長約十二公里，計有斗車四十餘輛，每日核存石之多寡，可隨時酌添夜工運輸，效率益爲增加，並設置駐蘭運輸材料辦公處，管理水陸運料事宜，又在馮樓工地小青集渡口至材料廠，亦鋪築輕便鐵道，以供各項材料儲藏及轉運之用。

（丁）徵集舟車　堵口所用石料，由徐州石廠運至蘭封車站後，須用大車轉運，及在鞏縣所購石料，則用民船運工，經該組孔主任於二月間，迭電山東河南兩省政府，請轉飭各縣徵集民船大車，並派員分往長垣考城蘭封鞏縣等處，先後雇得石船四百餘隻，大車數百輛，馳赴河干，以應急用，三月間馮樓水口門搶堵合龍，胥賴於此。

第三節　施工設計

（一）　測勘經過

（甲）飛機測量　飛機測量，在各處決口後，先由參謀部航空測量隊，於二十二年十月三十日在長垣縣大車集至石頭莊，測成七千五百分一之隄防圖一幀，計隄長二十七公里，又長垣縣馮樓一帶二萬五千分一之水道圖一幀，計面積二百七十方公里。又開封蘭封考城鉅野濮縣濮陽長垣東明等縣航測攝影四十二幀。於九月十三日復由災振工振衛生三組主任。偕同工程司等。飛赴沿河測勘。攝取影片。繕具報告。以資參考。

（乙）隄防測量

（子）蘭封銅瓦廂小新堤及其附近地形

一、堤長　堵口新堤長三百二十公尺。修補兩端殘堤長一千零七十公尺。

二、口門長寬深度　口門長三百二十公尺。積水面積約二分之一平方公里。水深平均一公尺五寸。水面至新堤頂二公尺五寸。

三、形勢　蘭封口門一帶舊堤方向。自西南斜向東北。橫斷黃河故道。適當銅瓦廂改道轉灣之處。河自西北斜向東南。與口門堤工成九十角度。大溜頂冲。至口門復折向東北。

四、水位　該處向無水標。又無水準點可據。此次實測洪水。係根據黃河水利委員會假定水準點。測得本年洪水位。計超過舊堤頂一公尺餘。

五、測量經過　一、口門附近平面。係用黃河水利會測勘圖表尚稱齊全。二、根據黃河水利會假定水準點。施測縱橫斷面。並製成土方估計表。三、十一月上旬復派測量隊及本處技術員攜帶經偉儀。施測口門一帶黃河兩岸地形。

（丑）考城民埝在蘭封四明堂西北及其附近地形。

一、堤長　決口舊堤，南接東西大堤，北接河北大堤，約長二千五百公尺，堵築新堤長二千四百六十公尺，幫修民埝長一千一百七十公尺。（但新堤與幫堤接筍處重疊一百三十七公尺五寸）

二、口門長寬深度　口門長一百四十公尺，水面寬五百公尺，最深處八公尺。

三、形勢　舊堤方向南北而稍偏西南，東北與水流方向成五十角度，且決口附近地勢低凹，新堤西南東北向與舊堤成一百五十角度，與水勢平行。

四、水位　該處水位向無記載，據附近人民云，此次洪水比平常洪水位約高過五六市尺。

五、測勘經過　一、舊堤口門附近，亦係黄河水利會測勘，圖表尚稱齊全。二、新堤因急於興工，僅測一縱斷面圖，惟地面無甚變化，即此亦足應用。三、新堤南端迤西殘堤，因時間關係，不克施測，僅用皮尺丈量一次，繪有草圖，幫堤亦因時間倉卒，未經實測，土方係約估數。

（寅）温縣大堤及其附近地形。

一、堤長　河南河務局温縣汛一堡起至八堡止，計長二十二公里三五。

二、口門長寬深度　口門十八處早已斷流，積水不深，惟第一第二兩口，積水深三四公尺。

三、形勢　温縣舊堤東西與河並行，上段因受南岸鞏縣挑水壩之影響，河自西南斜向東北，與大堤成三十角度，下段受南岸古柏嘴及北岸青峯嶺夾流之影響，宣洩不暢。致易壅塞。自去年盛漲後。堤南灘唇比堤頂高約一公尺。

四、水位　温縣亦無水標及水準點可據。此次實測洪水位。計超過舊堤頂約二公尺。

五、測勘經過　一、初派測量隊實測堤頂高度。以爲加高培厚之根據。自孟温兩縣交界河南河務局温縣汛一堡起至八堡止。每距一百公尺測一標高。繪製縱斷面圖。二、復派測量隊偕同技術員測量大堤一帶平面地形。繪製大堤附近平面圖。

（卯）長垣北岸大堤及附近情形　長垣北岸潰決情形。一、爲由石頭莊測至大車集間口門共三十處。二、爲馮樓前馬寨後馬寨窰頭各道河口及堵口處。並測馮樓迤南及對河竹林口小青集等處。

一、堤長　由大車集至石頭莊各漫口堤段長二十一公里。

二、口門長寬深度　計大車集至石頭莊水旱口三十處。及馮樓馬寨窰頭河口四道。所有長寬深度。已另列圖表。

三、形勢　查大車集至石頭莊各道溝口。水勢漫衍甚廣。其香亭石頭莊兩水口。受馮樓馬寨窰頭四道河口之水。建瓴直下。勢既洶湧。尤以石頭莊口門。最爲迎溜頂衝。奪全河大溜百分之九十三强。詳測全河形勢。從前正河身之大溜。由馮樓迤南三四里處。折趨東北。此次漫口以後。自馮樓至石頭莊。冲成直線。且石頭莊至馮樓所刷新之河溝。長十餘里。深四丈二三尺至七八尺不等。流勢既順。

溜力尤悍，必須先堵河口，將大溜挽歸故道，再行修堵大堤，方爲萬全之策，所有詳細計畫，另列在工程計畫之內。

四、石頭莊水位　該處歷年大水位爲六十二尺三三，漫口時水位爲六十五尺五六，以上水位係按大沽海平面上公尺計算，並附漫口以後水位曲線圖。

五、測量程序　查大車集至石頭莊，各道溝口，在漫水稍落勉能施工之時，即由河務局派員分段詳測，測竣後續測馮樓馬寨窰頭各河道口，繪製堵口善後工程圖表，嗣復將堵口挑水各工，隨時派員詳測，均製成圖表在案

六、測勘困難情形　查大車集至石頭莊測勘各漫口時，各水口溜勢湍急，各旱口泥水亦深，技術員測夫等，或於急湍大溜間，扁舟冒險以濟，或於泥水中褰裳沒踝而涉，

工作極爲困難・加以沿堤一帶・悍匪出沒其間・時有刼奪行李搶掠村舍情事・該員夫等於晚間借宿民房・時居民早經逃徙・頗生戒心・迨赴馮樓馬寨窰頭繼續施測・沿途阻水阻匪・工作尤艱・幸各員忍苦耐勞・不避艱險・且因河水迭漲・工情屢有變遷・須複測至三數次者・幸能如期測竣・未稍遲誤・

(辰) 長垣南岸小龐莊情形　查小龐莊大堤初決時・先於該莊西北圈堤以下衝決一口・寬約一百九十餘公尺・嗣經大溜上堤・逐漸淘刷・遂展至一千三百六十餘公尺・至測量時河水稍落・淤灘露出・口門業經斷溜・僅有積水溝一道・寬一百四十餘公尺・深三公尺許・溝底尚有深二三公尺之淤泥・口門背河均係新淤土質・間有含沙・地勢亦較臨河爲低・

如從背河堵築，須横過口門間之積水溝，取土既難，費工尤鉅，一再詳勘，遂定於臨河舊灘上築堤圈堵，不但堤基堅固，土質又復良好，遠勝背河修築，測定新堤線，由郭莊正東舊堤起斜過泥溝至單莊東越小串溝順堤壕至載店，正西與舊堤銜接，計長三千零八十七公尺。

（三）工程計畫

（甲）蘭封堵築工程計畫

（子）土工

一、取土　蘭封在有清一代，潰決漫溢凡十餘次，銅瓦廂改道後，流速鋭減，故道漸淤，迄今大堤兩側積沙，已成無數沙坵，屢經試掘，僅口門南端八百公尺外，土質稍佳，但亦僅沙淤疊間，地面五公寸以下，始有淤土，厚僅一公寸許。本年雖有少數新淤。惟因含水過多。不能取用。

二、作法　先就口門積水之中。用蔴袋裝土堆築小路二條。高出水面寬各三公尺。兩路中間填築淤土。寬四公尺。長約三百四十公尺。路及中心作成後。即填沙土於蔴袋兩傍。堵口高出水面後。再施硪工。期其堅固。作成堤頂寬十二公尺。高出二十二年最高洪水位二公尺。臨河及背河上部坡度。均係一比三。背河至二公尺以下爲一比五。堵口新堤及兩端殘堤。均擬包淤一層。其厚度視淤土之多寡而定。堤工完成。然後造林。以固根基。

(丑) 石工

一、石料　所需石料。均由鞏縣採購。用船裝運至口門外三里之蘭儀渡口。改用大車或輕便鐵道運至口門。尚屬便利。

二、石護岸　口門既成深塘，積水廣闊，必須修築護岸石工，方能鞏固，計工長五百公尺，石工平均厚半公尺，高度則與二十二年洪水位齊。

三、石壩垛　新堤爲黃河故道門戶，適當坐灣，頂冲大溜，勢非土堤所能抵禦，宜在故道上游適當地點，築挑水壩二座，石垛六座，挑開大溜，以緩新堤一帶水勢，擬築之石壩，高八公尺，長五十公尺，與河流方向成一百二十度之鈍角，壩頭與壩身，成四十五度之銳角，頂寬八公尺，坡度一比二，地脚寬二公尺二四，深二公尺，壩心填土，壩面及兩坡砌石，均厚一公尺，石垛頂寬半徑四公尺，高八公尺，坡度一比二，砌石厚一公尺。

（乙）考城堵築工程計畫

（子）堵口新堤　考城自漫決後，流速甚大，口門老堤內外灘地，全係粗沙土質，不能適用，故堵口土方，必須取之遠處，而淤土又在地面一公尺以下，勢非撥沙不能取淤，至工程作法，若仍依老堤接築，實行堵口，非特舊堤線與水流方向，形成垂直，易致潰決，而施工之困難，尚有以下數點：一、積水太深，沙土入水溶化，費土而工不實。二、口門低窪，水面廣闊，附近不能取土，遠土費大而工緩。三、口門兩端地位狹小，難容多數工人，土多工少，約須半年方能竣事。茲於決口越堤外高地以上，另築斜直新堤一道，南北俾與老堤連接，堤長二千二百餘公尺，頂寬八公尺，高四公尺，坡度一比三，頂及外坡均包淤一公尺，內坡包淤二公寸，預算較省，工易而速。

（丑）整理殘堤　考城堵口新堤迤西，由郭營至東壩頭一段，老堤失修，殘缺過甚，又遭二十二年大水，缺口埠道三十一處，均行漫溢，擬即一律補修完整，以免疏虞。

（寅）幫寬老堤　考城堵口新堤迤東至河北省界，大堤之間約一公里四，乃考城老堤之東段，堤身單薄，頂寬僅四公尺，而兩端新堤頂寬均在八公尺以上，相差懸殊，極易生險，擬即一律幫寬與兩端相等，以資抵禦。

（丙）温縣堵築工程計畫

（子）堵築缺口　温縣大堤，經本年大水冲成缺口十八處，擬即一律堵築完整。

（丑）整理舊堤　沿堤全長二十二公里餘，一律加高，成頂寬十二公尺，坡度一比三，高度擬即超過本次洪水位一公尺以上。略估需土二十餘萬方。

(寅) 石工　温堤半係沙質。外臨串溝。寬十餘公尺。至數十公尺。每逢大水冲刷。堤岸最易發生險工。且對岸鞏縣大石壩挑溜北移。河勢日逼北岸。一旦大溜臨堤。不免潰決之患。擬在該汎五堡六堡修建挑水石壩五座。以資防守。

按以上豫河工程計畫。原擬分六處。一、蘭封銅瓦廂。二、考城四明堂。三、温縣堤。四、孟津堤。五、武陟隄。六、蘭封民埝。嗣以工振款項有限。故僅以蘭封考城温縣三處堵口爲限。復經迭次核減。一再改訂。編列最後工程計畫如上。詳見蘭封考城温縣堵築工程預算表。

(丁) 長垣北岸堵築工程計畫 (石車段大堤馮樓水口門)

(子) 堵合計畫　查石頭莊馮樓一帶地形。前已撮舉大概。

此次堵口工程。除將石車段各旱口先行堵塞外。若仍就香亭石頭莊兩堤水口堵築合龍。其患約有三端。一、由馮樓馬寨至石頭莊。所刷新河溝長及十餘里。全河奪溜。勢若建瓴。倘先堵香亭石頭莊堤口。如此通長之河溝。急湍之流勢。不易挽回正河。必至沿堤直下。北岸大堤。悉變險工。二、如將香亭石頭莊兩堤水口。先行堵合。則馮樓馬寨各道河溝之水。必仍直趨香亭石頭莊。循堤前舊串溝以行。自石頭莊迤下數十里長堤。均緊逼大溜。悉成新險。將來既不易防守。并慮溜勢工情。發生重大變化。三、大堤水口堵合後。各道河溝水勢必陡見抬高。沿溝兩岸村民。必受氾濫冲刷之患。當經詳細測勘。妥定計畫。先將馮樓馬寨四道河口。同時堵塞。俟河口堵合。再修復大隄。其利有三。一、在河口進堵。距離正河身較近。各道河溝漫水。易於挽回正河。二、當漫口以前。大河溜勢由馮樓迤南坐灣。折趨東北。漫口以後。大河溜勢。由馮樓刷透坐灣。逕趨石頭莊大堤口門。已成直線。馮樓迤下。正河身日見淤淺。今由馮樓河口扼堵。則正河身及對岸淤灘。均可較易刷去。溜勢挽回亦較順。三、河灘沿溝各村。可免氾濫冲刷之患。并免河身發生變化。及石頭莊迤下大堤靠溜出險之慮。

(丑) 施工計畫　此次堵口計畫。係統籌全部工情。分別緩急。先堵張武才寨第二十九口。再自大車集起至香亭迤上止。將第一至第二十六二十九等口。分別堵塞。其香亭至石頭莊第二十七第二十八以及第三十等口。因有上節所述種種關係。暫從緩堵。卽先進堵馮樓馬寨各河口。其河口四道，同時並進，後因材料不及，只得分別緩急，利用機會，先將第一第二第四河口，施行掛柳工程，至第三河口，則定以沉船繫網，仍以掛柳方法進行堵築，復因造船需時，改用柳枝甎石拋壓鉛絲網內，平鋪層壓，全線同時並舉，修成壩勢，透水而不過溜，預計效果如下：一、壩之全身既透水而不過溜，泥緩沙停，藉自然之力，使之逐漸掛淤。二、所做柳壩，係通長結網，同時壓拋柳石，並無合龍刷深沉走等弊，全壩均勻透水，決無束溜全注口門，特別抬高金門水位之患。三、石料雖運路過遠，而沿河所植柳株，產額尚富，取料較易，且柳枝鉛絲等材料，堅紉耐久，又在馮樓馬寨窑頭兩岸修做護岸及緩溜工程，藉收護坍停淤之效。四、爲分洩水量，易於堵築工作起見，在馮樓迤南挑挖引河四道，稍資補助，詳見於長垣北岸堵築工程預算表。

(戊)長垣北岸(小龐莊)堵築工程計畫　本區工程。純係土工。所有新堤設計。以抵禦二十二年最高洪水爲標準。詳測口門附近舊堤。高出大沽海平面六十七公尺。平均頂寬十一公尺有奇。兩側堤坡俱爲一比二。五。二十二年該處最高洪水位。爲六十六公尺二。惟因上游決口多處。分洩水量。測出之洪水位。未必準確。故擬定新堤之高度爲六十八公尺。預計蟄實後。尚高出真正洪水位。至少在一公尺以上。足可抵禦。并擬定新堤頂寬一律十公尺。臨河堤坡爲一比三。背河堤坡爲一比二。五。底寬隨地勢高低而異。自三十餘公尺至四十餘公尺不等。全堤長三千零八十七公尺。共估需新土七萬九千一百三十三市方三分七釐。惟各段因地勢不同。取土難易。亦各有異。自零點至四百八十公尺一段，斜過泥溝，工程較難，定爲一頭調土，自四百八十公尺至一千八百二十公尺，定爲二面取土，自一千八百二十公尺，至二千一百六十公尺，定爲一面取土，自二千一百六十公尺至二千六百公尺，定爲二面取土，自二千六百公尺至三千零八十七公尺，又須斜過水溝，定爲一面取土，其一面取土者，均在臨河距堤脚二十公尺外挖取，二面者臨河距堤脚二十公尺外，背河距堤脚三十公尺外挖取，一頭調土者，由臨背河能以取土之一端，調挖取用，平均預算每市方工價洋六角一分，共估需洋四萬八千二百七十一元三角六分，硪工總方價十分之一，預計共需洋四千八百二十七元，兩共需洋五萬三千零九十八元三角六分，（初估預算爲六萬一千零五十一元九角九分嗣經復估核減如上數）

第四節 各區工作概況

(一) 開辦情形

(甲)第一區工程處開辦情形 第一區工程處於二十二年十月一日在蘭封三義寨組織成立。遵照規定分設蘭考溫三工段。蘭考兩段同日成立。溫段於十一月一日成立。

(子)工程處之組織 遵照工振組頒發區工程處辦事大綱辦理之。計設處長一人。主任工程司一人。工程司一人。事務工務課長各一人。會計一人。課員三人。技術員四人。事務員五人。測量員一人。書記四人。

(丑)段事務所之組織 遵照工振組頒發段事務所辦事大綱辦理之。各設段工程司一人。辦事員各二人。書記各一人。監工員蘭段四人。考溫兩段各七人。

（寅）無線電台之組織　遵照規定，於蘭封三義寨設立無線電台一座，置報務員二人，辦理一切報務事項。

（卯）各項辦事規則之擬訂　該處辦理各項事務，悉按照各項章則辦理，惟因地方情形不同，於土方給價及發給工資兩項，另定規則如下。

規定土方給價辦法，查河南各處生活情形多有不同，遂折衷訂定一種土方給價標準，凡距堤五十公尺以內不准取土，由五十公尺至一百公尺，每市方給價六角，每遠五十公尺，加價一角，邊銑磁工，不在其內，但各段實地情形，若有差別，仍可酌量增減，呈准備案。

發給工資手續，一、由段工程司會同監工員，依照收方量法，隨量隨填收方計算單，并依法核算之，二、核算所得之總成績，由監工員填具監工旬報，於收方之第二日送段事務所。三、卯工由辦事員會同監工員按日查點，於每旬由監工員填具卯工旬報，送段事務所。四、由辦事員填繕發給工資憑單，及工資領款收據，五、工資領款收據一聯，交於承攬人或工頭，持向會計辦事員領款，由段工程司送處會計員備核。六、承攬人或工頭須於發給工資憑單及工資領款收據上蓋章或手印。七、工資須於收方後三日內發給之。

（辰）招工之經過　由處出具佈告，招收災工，參酌當地情形，並爲便於管理起見，採用包工制，製訂承攬書，於災民之中，選其精幹而智識較優者爲承攬人，取具鋪保，承做土方。除由處按人發給蘆蓆一條，以避風雨外，所有一切工具，如土車銑硪等類。皆由各承攬人自備。至蘭段水下工作。不能容多數工人。故僅有四人承攬。水上新堤。係由兩端上土。故以二人承攬。以免混亂。考段堤線較長。分段承包。溫段十八缺口。按工支配。至各段邊硪雜工。均係按日給資。不在包工之內。

（乙）第二區工程處開辦情形

（子）工程處之組織　第二區工程處。設處長一人。主任工程司一人。暨工程司副工程司會計員督工監工員等。並置事務工務兩課。各設課長課員技術員事務員等。復因堵口工程。以材料爲大宗。必需專員管理。爰在馮樓設材料廠一處。馬寨設分廠一處。設主任一人。暨司賬驗票收料員發料員事務員稽查等。均於二十二年十月五日照章組織成立。

至二十三年一月一日起，因大車集香里張兩段事務所工竣裁撤，復將區段事務所另行組織，改編預算後，又以馮樓石壩合龍，添築窰頭攔水閉氣埽壩，及修復石車段各缺口堤岸，依照二十三年三月二十三日工程會議，議決閉溜閉氣修堤三項，同時並進，復應河北省政府之請，代築石頭莊至大車集一帶堤岸加高培厚工程，及堵塞太行堤六缺口，工程增加，所需技術事務人員，亦經酌量添用，原定預算，乃不得不隨之擴充。

又該處僻在河干，土匪時多出沒，沿河各村，刼掠架贖之案，層見疊出，凡本處工款之保衛，材料之看守，均應格外慎重，准由長垣濮陽兩縣調用保衛團，分駐各工段，負責防護，計設大隊長二人，分隊長四人，團兵一百人，均歸工程處指揮，弁因該縣保衛團，於發生水災後，餉項無著，業已暫行遣散。此次係另行新編，准由該處支發薪餉，俾資辦公。

第二區工程處，設在馮樓工地，因附近民房缺少，除材料廠辦公處暨工頭等宿舍，賃用民房外，餘均租借民地修建臨時辦公處，概係葦牆泥頂，暫蔽風雨，藉資撙節。

（丑）段事務所之組織　各段事務所開辦之始，計設大車集香里張香亭（駐馬寨）石頭莊（駐馮樓）四段，每段設段工程司一人，暨技術員監工員事務員等，承處長及主任工程司之命，辦理各該段工程事務，以上各員，多由各機關分别調用，一律酌支出勤費，迨大車集香里張兩段事務所，因堵築各溝口土工，先後報竣，於二十二年十二月底止即行裁撤，并於二十三年一月一日起將該處及香亭石頭莊兩段事務所，另行改組，暨編造預算造報在案。

（寅）無線電台之組織　由組發給六瓦脫無線電機全架，調用交通部電務員二人，並僱用搖機公役，其購置乾電報紙修換機件等費，均由電務員實支實報。

（卯）各項辦事規則　除依照頒發辦事大綱會計規則旅費規則，及各項表冊簿記分別辦理外，復由該處擬具辦事細則，及聯單合同承攬書等，規定具報核定及備查各在案。

（辰）招工之經過　大車集香里張兩段堵築各口土工內，泥水尙深，取土較難者，因民夫力有不逮，照章投標包修，惟包工所募土民，仍須招用災民，優其待遇，其取土較易之各口，及引河土工，均令長垣縣招編附近災民，分段承做，并由該縣公正士紳中，遴派監理員駐工管理，復因災民不諳工作。令由段工程司監工員等。切實指導。和衷共濟。除照原估方價發給外。因工作災民。無力搭蓋窩鋪。每人加發棚蓆一條。以示體恤。所取土方。遇有淺水稀泥之處。災民仍感困難。概按下方土計算。由段工程司監工員會同各該管監理員。逐日量收土塘。計方給價。以昭公允。所得方價。由監理員代爲具領。按人轉發。務求核實。迨堵築馮樓馬寨各道河口時。所用卯工。仍招編附近各縣災民。由村長帶領工作。以符工振之主旨。

（丙）第三區工程處開辦情形　第三區工程處設於霍寨。成立之後。首先詳測小龐莊口門附近地勢。以臨河淤灘。土質較優。遂就該灘築堤圈堵。計測定新堤線長三千零八十七公尺縱橫斷面。測量完畢。隨即連夜趕製圖表。計算土方。共估需新土七萬九千一百三十三市方三分七釐，爲便於招工興修起見，將全堤劃分七小段，又因天氣漸冷，進行宜速，一面核定圖表，一面招工興修，其時當地災民，紛推代表來處磋商承包，當將各代表及報到工頭，審查合格者，計有十九名之多，乃於二十二年十月二十一日，招集到處，將擬定之包修辦法，及各小段土方數目，當衆宣布，令其各自選擇，分別投標，次早開標結果，以最低方價得標，計第一段劉鳴祥承包方價八角，第二段郭省方承包，第三段高永慶承包，第四段張發盛承包，方價均五角四分，第五段孫廣立承包，方價五角八分，第六段刁鳳云承包，方價五角四分，第七段李興然承包，方價七角，當飭各得標人訂立攬單，覓具鋪保，遵照規定辦法，領款調夫，依限興工，惟所調工人，先儘附近災民容納，用符工振之原則，自十月二十六日起，各段土夫次第到工，分頭與修，所需硪工亦於事先招人投標，以馬得祿每盤二元三角爲最小價，得標承包，逐日應用硪數，按修做之土方爲比例，由組派往之無線電員楊壽堯等，於是日攜帶機件到區工作，電台設於南二段內，每日報工消息，賴以無阻。

（二）工作概況

（甲）第一區工程處

（子）蘭封段

一、堵口土工　蘭段於二十二年十月十日開工，口門積水未消，故先作水下部份，裝拋蔴袋兩行，以作口門內工作道路，至三十一日拋成三公尺寬小路二條，共用蔴袋一萬七千八百餘個，路成後，卽在兩路之間與兩側填土，運土距離較遠者，用輕便鐵軌斗車裝卸，十一月十日水下土工完竣，水面以下，按下方土收方，取土在三百公尺以內者，依處定給價標準表計算，三百五十公尺以外者，按給價標準表九折計算，若借用鐵軌者，按給價標準表五折計算，計用土六千五百六十四方八三，同時續作水上部份，自舊堤南端起分立誌樁，復自口門內5+10誌樁，分爲南北兩段，首先進行口門內填土，逐漸向兩岸推展，堤心完成後，即行漫淤，堤頂及臨河坦坡厚五公寸，背河坦坡厚二公寸，水面以上按上方土收方，在口門南段平均距離四百公尺，每方單價一元零八分，口門北段平均距離七百公尺，每方單價一元六角二分，（均照土方給價標準表九折計算） 至用鐵道運土，全係借用，概不折價。（南北兩端以樁號5＋10爲界）共計用土二萬零四百七十六市方一四七。又因口門裏外潭水冲刷堤坦，乃於十一月三四兩日，加拋護岸蔴袋一千六百餘條，保護堤根。原定堤線在北端接筍處，因節省土方，稍向東偏，旋遵委員白郎都建議，採取較大半徑之曲線，又將堤線稍向西移，但該處舊堤殘缺太甚，堤線改正後，土方較原計畫增加一百九十一方零四。十二月二十八日，全區堵口堤工完全告竣。時值兩雪，天寒土凍，故堤頂坦坡未能整理。

二、硪工及邊銑雜工　硪工每名每日工資洋三角五分。層土層硪每坯厚五．五公寸，打成三公寸五，共用硪工三千八百七十四名，邊銑每名每日工資洋四角，共用邊銑一千二百十八名，又雜工每名每日工資洋三角，共用三千四百六十九名。

三、土牛　口門舊堤長一千五百公尺，每距一百公尺，堆土牛一座，共計擬堆土牛十五座，以備不虞。每座需土一百市方。嗣因堵口工竣，地凍天寒，決定結束是項工作，已切實擬具預算，由組交由河南河務局代辦。

四、種樹　依照原定計畫，於地坦隙地，徧植低柳，用正方形植樹法，株行各間均定爲五尺。口門臨河方面種三行，洪水位以下留備鋪石護岸。背河方面及口門兩端，均已種植齊全，計共種植低柳一萬二千四百二十三株。

五、技術上發生之困難或所得之經驗　口門內一段土工告竣後，復經測量，遂發現所有原定誌樁，均向下蟄二三公寸，徵之護岸蔴袋原在岸上者，均沒入水中，足證誌椿蟄陷，確係事實，嗣經承攬工頭再四請求體恤，加給津貼，測得蟄陷土方三百十六方二四七，令其補做，另給方價。

(丑) 考城段

一、堵口及修堤土工　考城於二十二年十月十日開工，先在舊口門進行堵築，詎意該處積水已成深潭，施工不易，工作旬日，頗感困難，因而改訂計畫，於口門迤北高地之上，另築斜直新堤一道，兩端與老堤銜接，不特事半功倍，並且比較堅實，工款時間，均可節省，歷時兩月，而新堤告成，土工計分三項，一、堵口共作土方八百二十市方一三，每方單價六七八角不等，二、新堤共作土方四萬零五百八十四市方七四，每方平均單價八角一分八釐稍强。

三、幫堤坦坡原計畫爲一比三。奈因堤之兩旁。地皆泥濘。且天冷地凍。工作實感困難。恐不克如期竣工。故將該坦坡改爲一比二·五。結果共作土方六千一百六十九市方。每方單價六角。以上三項土工。統計作土方四萬七千五百七十三市方八七。惟時值雨雪。幫堤坦坡。未能整理。又新南段迤西。由郭營至東壩頭一段。殘堤尚未修補。

二、硪工及邊銑雜工　硪工每架九人。每名工資三角五分。兩架爲一組。擇其中精幹者一人爲硪頭。每日加給津貼洋五分。計堵口用硪七十二工。新堤用硪九千八百十五工。幫堤用硪一千二百九十六工。三項統計。共用硪工一萬一千一百七十八工。邊銑每工四角。計堵口邊銑二百三十八工。新堤邊銑一千九百五十五工。幫堤邊銑一百六十四工，三項統計，共用邊銑二千三百五十七工，雜工則堵口雜工二百七十七工，新堤雜工三百工，修通冀汽車路雜工七百六十九工，三項統計，共用雜工一千三百四十六工。

三、土牛　新堤幫堤共長約三千六百公尺，每距一百公尺堆土牛一座，共計擬堆土牛三十六座，每座需土五十市方，嗣因土工己竣，亟待結束，業經擬具預算，交由河南河務局代辦。

四、種樹　原擬計畫，係就堵口造林，旋以改築新堤，堤線延長，復經另案核准舉辦，故於土工完成之後，按照核定計畫，購買低柳，依法種植，株間定爲五尺，行間以東西兩坦之寬窄，各植五行，計堤面一行，堤根一行，堤坦三行，惟堤之北頭。堤坦較寬。多植一行。共計種植低柳一萬四千四百三十六株。

五、技術上發生之困難或所得之經驗　一切工程進行。尚稱順利。惟取淤收方兩項。發生困難不少。緣新堤南段。全係沙地。附近無淤。所有漫淤土方。擬均在北段麥地取出。及經採取。而各地主羣起阻撓。後經蘭封縣長。到工調解。議定取淤一畝。發給津貼六元。始得和平了結。但仍有年邁翁媪到工滋鬧。正在交涉。忽於南端堤西凹地沙層之下。發現淤土。遂令工人到處試掘。果有片段淤層。雖距離不遠。（堤之附近沙層太厚約八九尺）但估計方價。連同撥沙費在內。（撥沙一方外給撥沙費一角五分）較之自北段麥地取用。仍可節省不少。且時間方面。亦可縮短三分之二。對工程進行。及地方民意。更多便利。故南段包淤土方。儘先由沙下撥取。至收方一項。最初堵口所有土工。全係按照處定之土方給價表。以後方招工包做。嗣後修改新堤。爲節省手續符合預算計。各段土方統改按上方包出。（方價仍照原定土方給價表）堤心沙土。在附近取用。每方單價分六角七角兩種。包淤土方。擬全在北段麥地取用。單價每段一種。（平均約三元）乃中途取淤。發生問題。淤方遂改由撥沙取用。工款雖可節省甚多。但沙層深淺不同。淤層厚薄不等。距離遠近有別。方價難期畫一。不得已又改收下方。然撥沙土塘。不甚整齊。下方之數。與上方之數。萬難恰合。又恐超過預算。致感困難。乃招集各段承攬人商議結果。議定各段雖收下方。仍以上方之數爲標準，將來如下方不及上方之數，事務所應將所差方數，按淤方最低價目補發，如下方超過上方之數，承攬人情願將所差方數從最低價淤方內扣除，幸收方結果，大致相符，路遠者超過上方少許，爲數極微，無大出入。

（寅）温縣段

一、堵口土工　温段於二十二年十一月七日開工，各口門早已斷流，積水不深，惟第一第三兩口，有三四公尺積水，施工之際，因無處排洩，故即將土挑蟄水中，使土自行將水向外排擠，工作四十三日，而十八缺口一律完成，土工方價，係按處定給價標準表，並參酌地方情形，及生活程度，略事核減，以期撙節，故每方單價有四角五，五角五，六角五三種之別，計第一缺口，實作土方二千零七十五市方六二。第二缺口。實作土方一百五十三市方一七。第三缺口。實作土方一千七百三十八市方七四。第四缺口。實作土方五百零二市方零七。第五缺口。實作土方二百八十二市方九四。第六缺口實作土方七百六十二市方五八。第七缺口。實作土方三千六百二十二市方五八。第八缺口。實作土方二千二百九十一市方五七。第九缺口。實作土方一千三百八十三市方七七。第十缺口。實作土方二千六百三十二市方九六。第十一缺口。實作土方三百二十七市方八二。第十二缺口。實作土方七百五十三市方六九。第十三缺口。實作土方四百四十八市方一四。第十四缺口實作土方二百十二市方五八。第十五缺口。實作土方四百四十五市方八二。第十六缺口。實作土方五百四十市方八七。第十七缺口。實作土方七百零七市方三四。第十八缺口。實作土方二百九十七市方七二。以上十八處。統計共作土方一萬九千一百七十九市方九八。

二、硪工及邊銑雜工　堵口土工出水後。新舊堤銜接處。開成階級式。每加土五公寸。硪打至三公寸五。再行加土。層土層硪。以至堤頂。硪每架以八人打之。每名每日工資洋三角。共計硪工三千八百四十工。銑雜等工每名每日工資洋一律三角。共計邊銑九百八十六工。雜工四百六十工。

三、技術上發生之困難或所得之經驗。　開工之初。災民因恐方價太廉。不足果腹。頗存觀望。經力爲勸導。幷擇土方較少之處。（第二第四兩口）先行試辦。自此以後。各災民見所得工價。糊口有餘。遂相率而至。二十二年十一月二十日。十八缺口。先後一律開工。又將災民均行支配在附近口門工作。不獨到工便利。即棚蓆一項。亦因之節省不少。每棚僅發給數十條。以備搭造飯棚之用。

（乙）第二區工程處

（子）長垣北岸大堤堵築工程　石頭莊至大車集一帶大堤。漫決計大小口門三十處。於二十二年十月十二日興工。將第二十九口門先行堵塞。其第一至第十五各口門。計土三萬二千二百方。招包趕修。第十六至二十六各口門。計土一萬八千五百方。由長垣縣長招編民夫分工承修。以上均係旱口。於十二月二十二日以前一律竣工。至二十七。二十八三十等口，因水流湍激，堵築困難，依照計畫，須先將馮樓河口合龍後，方能着手，迨俟至二十三年四月三日，燕廟第二十八口堵成，四月五日香亭第二十七口堵成，四月十九日石頭莊第三十口堵成。

(丑) 馮樓堵口工程

一、堵塞馮樓馬寨各河口，河水自馮樓馬寨之間，歧分四道，大溜全由此北行，乃利用緩流方法，進行堵築第一第二第四各口，其所得利益如下，一、因工料運集需時，最近萬難興工堵築，二、緩溜完成後之效果，與原定之挑水壩同，三、藉自然之力，利用易淤之沙，將己刷深之河槽淤高，不但可免沿第一口災民暫時之痛苦，兼可防將來洪水時重被災患之侵襲，四、工料易集，剋日興工，且需費極廉。

五、期藉自然之力，使溜向東移，以增馮樓東老河之流量。六、免後馬寨村莊之淪陷河心。七、堵合所有溝口，事實上既不克同時興工，復難期同時堵塞，則堵合一口，即完成一口之工作，亦即減輕全部之困難。八、防止窰頭東岸衝刷，以便從速運送工料，進行第三口緩溜工程而防止河流再射第四口。二十二年十月三十日第一河口興工，十一月五日第四河口興工，十一月七日第二河口興工，因進行順利，收效甚速，均於十一月下旬完全斷流，惟第三河口大溜集中，情形險惡，緩溜工事，已不適用，乃集合全力進堵第三河口，即全部工程之最重要者，所謂馮樓堵口石壩工程是也。

二、護岸工程先在第三河口兩岸廂做護岸工程，以防冲刷。均用鉛絲網作底。鋪以柳把。壓以磚石。逐層捆縛。聯成整個。以期堅固。計西岸一道。長一百公尺。東岸一道。長六十公尺。馮樓西一道。長一百五十公尺。窰頭南一道。長四十公尺。

三引河工程在馮樓迤東挑挖引河四道。俾分洩第三河口之流量。并在第四引河對岸作柳壩一道。以便納大溜於正河。計第一引河長四百九十六公尺。於二十二年十一月七日興工。十八日放水。第二引河長七百零五公尺。十一月十四日興工。十二月十一日放水。第三引河長一百二十公尺。二十三年一月七日興工。十九日放水。第四引河長八百七十二公尺。亦於一月七日興工。留備水漲時。使其自由冲刷。以免淤塞而暢其流。至四月十日冲刷過水。惟全河大溜挽趨正軌。得三四兩引河之力居多。
四、馮樓石壩工程（卽A字透水壩又名楊耿壩）自二十二年十月二十四日。由第三河口西岸馬寨進做透水柳壩。二十三年一月四日接至河心島樹。一月二十三日由島樹至馮樓。試以沉排法。用打樁結網拋壓柳石。不料凌汛大至。冰塊山積。工程因之極受影響。迨凌後水落。以柳石相間法。東西兩壩同時進展。幾經變化。始得做至兩端相距二十五公尺。屆時復以水漲溜急。兼之工料兩缺。危險萬狀。爲堵口最難工程之更難者。迨二月中旬。工振組周主任象賢辭職。孔主任祥榕繼任。力圖補救。調度火車船隻。速運巒石。廣集磚柳蔴袋鉛絲。以爲趕堵合龍之準備。奔走浹旬。工料集中。遂於二十三年三月十七日下總動員令搶堵，并親在工地督促指揮，至是日下午五時宣告合龍。

五、窰頭攔水閉氣掃壩。查石壩兩端將近堵合之際，因溜勢奇猛，抵禦極難，東端復經坍蟄，工振組孔主任以原定所作堵口工程之本身，終覺單薄，即加寬坡度，增加禦力，然經此坍蟄，殊覺隱憂，並以馮樓全流過水甚久，此時雖幸將狂流挽歸故道，恐水起流急，仍當頂冲，故於原計畫透水壩合龍之時，關於閉氣工作，則採工程會議所議決及核准之窰頭攔水閉氣埽壩，並同時修復石頭莊口門大堤，蓋埽壩修築之後，前可藉水戧內外平衡之力，以保護石壩，後可攔住石壩透水，屏藩石頭莊新堤，復可救濟附近數十村田廬，所費不鉅，收益極多，當年伏汛水至石壩得以保存。石頭莊新堤得免潰決。其功效至爲明顯。該壩於二十三年四月二十日堵合完竣。

六、攔水土埝工程。由石壩兩翼起。至石頭莊大堤止。各修圈埝一道。左翼自馬寨起至孟崗止。長五千二百六十七公尺。右翼自馮樓起至第八堡止。長七千三百二十四公尺。以防桃汛漲水時。抄入後路。妨害石頭莊堵築新工。

（寅）太行堤缺口堵築工程　太行堤接連大車集大堤。本屬河北民堤。於二十二年。潰缺六口。未加測估。亦未列入工振組堵口預算之內。孔主任以石車段各處決口。雖已修復。若不將連接大堤之太行堤缺口。趕緊堵塞。則以後水漲。仍可由該堤缺口竄入大堤。使石頭莊等處百餘萬鉅大之工程。等於虛擲。乃由工振組派員測估。着於最短時期。將所有缺口工程修復原狀，計二十三年五月一日興工，五月下旬即告完竣。

（卯）石頭莊加高培厚工程。　石頭莊至大車集凡二十一公里，其漫決各口門，雖經先後堵築完竣，惟因河底淤高，堤身卑薄，乃應河北省政府之請求，就工振餘款，代該省添做加高培厚工程，設立大車集九股路香亭三分段，分別興修。計加高堤身平均高出二十二年洪水位二公尺，堤坡內外一比二．五，堤面寬八公尺，於二十三年七月十二日全部完工，並電河北省政府飭河務局接收防護。

（辰）技術上發生之困難及其他問題。　查黃河溜勢，險惡靡常，與其他河流不同，往往本日所得之工情，至翌日又有變遷，以致原測之圖表寄至京滬時，已不能作爲計畫之根據，即如石頭莊迤上各道口門，因河水時漲時落，或刷或淤，或兩口刷成一口，以致所估土方數目，因而時有增減，馮樓馬寨各道河口第一次所測形勢圖，復測時更大不相同，乃外籍工程專家，未諳黄河水性，竟以圖表爲根據，在京滬會議計畫，僅計議初步挑水工程，並無整個計畫，其主張在馮樓溝口上游，添築若干道實質挑水石壩，用意在挑出溜勢，若在固定河流，設計本極周密，乃因黄河善變，效果適得其反，最初技術上爭執焦點，即爲透水柳壩與挑水石壩之功用，尤以白顧問堅持挑水壩最力，雖因石料運輸不及，仍派督工鄧克即日實施第一道挑水壩，迨做出三十公尺長後，河溜陡變，馮樓迤下正河身，完全斷流，始强行制止停修，此殆爲困難之一點，以前諸事，均由會議決定，馮樓京滬間，往返電商。屢失機宜。主其事者。亦甚感困難。以黃河善變而論。即所做透水壩危險亦多。賴工振組孔主任駐工監督。指示機宜。既免京滬往返電商之繁。復恐透水壩單薄。復在壩後窰頭地方。趕築攔水埽壩。使石壩與大堤。兩臻鞏固。惟在與築之初各方非議極多。辦理此項工程困難備至。逮伏汛大至。大溜北向。使非埽壩維護於後。則石壩之存廢。殆不能不成問題矣。

（丙）第三區工程處　就本區工程概況言之。凡新堤調到土夫。卽行分段興修。按坯上土。雇硪套打。期其堅實。並爲管理工程便於督飭起見。又將全堤劃分三大段。除第二大段管三小段外。餘各管二小段。每大段各派監工一員。指揮工作。又另置事務員一員。專司稽考硪工之責。自二十二年十月二十六日開工起逐日由監工員將工作人數及約修土方填表備考按旬列表報告計十月份共作四千五百八十工約共修土方二千八百市方共用硪十一盤十一月份共作六萬九千五百三十六工約共修土方五萬四千九百九十三市方共用硪一千零八十三盤十二月份共作四萬五千零三十工約共修土方二萬三千三百八十九市方共用硪九百七十六盤自開工以後天氣晴和進行順利自第二小段至第七小段均於十二月中旬次第完工惟第一小段斜過稀泥溝之處計長一百七十四公尺因堤身修築愈高壓力愈重蟄溢愈多致將稀泥外擠向兩側滑動較原定底寬展出十五六公尺自十二月中旬起迭形蟄陷最甚時在一晝夜間竟蟄深一公尺有奇雖加夫趕築工不抵蟄不得不另請增土幫修土撐以資補救經核准後

放手搶辦。至十餘日之久。蟄始漸減。迨年底結束。未能報竣。因限期屆滿。一面結束。一面留監工員繼續監工搶做。至二十三年一月四日蟄陷始停。堤頂坦坡幫修平整。土撑挑築完竣。已至一月六日計一日至六日。共作二千七百零六工。約修土八百六十方。該第一小段計前後共增土二千八百九十三方三分一釐。全工完竣。當即呈請派員驗收。清理手續。結束完竣。

第五節　徵用土地及購運材料

(一)　取土及佔用民地

查去歲黃河決口。散布冀豫兩省。堵築情形。各區互異。有已成旱口者。有尚存積水或交流者。有已奪全河大溜須挽歸故道者。其堵築所需之土。亦隨地不同。有爲純沙不宜取用者。勢必取之遠方。有堤基落成稀淤。不能依舊基與築者。勢必挖壓民地有決口並不甚深。附近土質尚堪應用者。則就地取土依基興築。自無徵用民地之必要矣。茲將各區取土及徵用民地情形分述於左。

(甲) 第一區

(子) 蘭封　蘭封銅瓦廂附近多係沙坵。無淤土可取。惟口門南端八百公尺以外。土質較好。然亦沙淤參半。地面五公寸以下雖有淤層。但極微薄。此次漲落新淤。又皆過溼。不能取用。必須取自遠方。是以施工較難。

(丑) 考城　考城四明堂口門距堤五十公尺以外。臨河方面。隨處均可採取沙土。惟淤土一項。深感不易。取諸麥田者佔壓民地須酌給以津貼。計新堤堤基佔用沙地六十四畝三七。每畝給價洋十五元。淤地五十五畝七三。每畝給價洋二十元。又遠方取淤。計挖麥地八十四畝九八。每畝給津貼洋六元。又因更改堤線遷墳十七座。每座給津貼洋五元。總共發給佔挖民地及遷墳各項津貼洋二千六百七十五元零三分。均由該段派員會同蘭封縣長按戶發給。並取具各該區保長之切結。

（寅）温縣　温縣大堤各決口皆不甚深。故仍依舊基興築。無須佔壓民地。取土地點。在堤外灘地。以其一遇水漲。即可淤墊。無礙耕植。但當工作伊始。第二決口處。曾發生阻止取土風潮。要求發給地價。當時到有婦孺六七十人阻止工作。嗣經力為開導。並約温縣縣長到工勸解。方得寢事。

（乙）第二區　該區堵口修堤。多數皆依舊基興築。用土皆由附近臨河民地選挖。規定坑塘不得過深。以期漲水落淤。無害耕種。冀省河局向例取土不發地價，此次仍照向例辦理。惟石頭莊口門另築圈堤，佔壓民地，酌予免糧給價，以示體恤。計五十二畝，又修築攔水埝壓佔民地一百九十六畝。

（丙）第三區　所修新堤，全長三千零八十七公尺，除兩端各長一百公尺套壓舊堤外，餘均佔壓民地，計共二頃二十三畝零二釐，又臨背河取土，挖毀民地七頃九十七畝七分二釐，計共佔挖民地十頃二十畝七分四釐。其佔壓民地中，又有墳墓多處，於施工之先，即通知各墳主設法遷移，計共啓柩五六具，每柩發給遷移費四元，以示體恤，均經該區取具鄉長切實保結分別發訖矣。

（二）　材料採購及運儲。

工振組各項工程，除一三兩區多係土工外，其第二區堵塞馮樓水口門，所需材料至夥，均交由該區自行置辦，由該組督促進行，惟於遲滯缺乏之時，加以充分援助，以免有停工待料之虞。玆將各項材料之採購及運儲情形，略述於後。

(甲) 採購

(子) 蔴袋　需用數量甚巨，除由黃河水利委員會撥給一區三萬條外，乃在京滬分別採購，交由京滬津浦隴海等路運至蘭封車站，車運至蘭儀渡口，再行船運工次，惟開工之始，所需蔴袋，因京滬未能運到，而待用孔亟，乃先在開封道口等處，儘量採購以濟急需。

(丑) 石料　工振組二區馮樓各口門工程最巨，需石亦最多，初由河南鞏縣石商承運，惟該處距工窵遠，船行甚緩，加之天寒河凍，未能依限運到，而工情緊迫，特在徐州大湖石廠收買大批蠻石，由隴海路及該組輕便鐵道運至蘭儀渡口。然後裝船運工。惟隴海路初僅撥車一列，間日可運五十餘市方，不敷應用，乃續商錢局長承允盡力協助，加撥車輛，日夜趕運，始能於最短期間，運齊石料，堆積工地，口門之能早日合龍，石料運輸之敏捷，實有以致之，然已煞費經營矣。

（寅）青磚　關於磚料之收買，極費計畫，因工地附近三十里內，多係新淤沙土，不宜燒磚，且自被災以後，各窰戶相繼停業，不得已乃擬盤窰自燒，終因近工不能設廠中止，遂令長濮兩縣縣長勸諭各村災民，挖取舊磚，運工發售，一面佈告招集各工販，分赴蘭封考城滑縣濮陽東明等縣沿河販運，但不得在距工三十里以內，與災民爭購，致發生壟斷情弊，並照向例由商販取具鋪保，預借鋪底洋二成，由磚價內分期扣還，俾資周轉。此次所用磚料，為數甚巨，經多方設法，始能勉濟工需。

(卯) 柳枝　堵口工程材料，除磚石鉛絲外，以柳枝為大宗。當在工地附近，派員設廠收買，不論數量多寡，一律隨到隨收，發給現價。一時各災民肩挑背負，車載舟運，以求售者，極為踴躍。嗣因附近各村柳枝收買殆罄，各商販承購柳枝，亦不能如期運到，復在長垣南關及近堤各村，增設數廠，以便災民就近送售，彙運工地。長濮滑蘭考東等縣災民，加入工作，來源激增，所需柳枝，乃無虞缺乏。

(辰) 鉛絲　壩埽護岸等項工程，大半皆藉鉛絲以為聯繫。故先在京滬兩處，按規定號碼廣為採購，派員沿京滬津浦隴海等路押運至蘭封，交工振組所設之蘭封運輸所，轉運工次。

(巳) 洋松樁　此項樁木。質量均有規定。有需長至六十尺者。就地不易購得。乃由滬漢採購。分別運至黃河北岸或蘭封車站。再裝船運往工次應用。尚稱便捷。

(午) 鐵錨　堵口所用鐵錨。初託豫魯兩省河務局代爲定製收買。嗣因鐵價運費均昂。查知考城南鄉有善造鐵錨者。卽與之商定價格。指示式樣。令其設爐承造。其價格較沐濟爲廉。且能如期交貨。足濟工需。

(未) 其他　其他如道木道釘。車軸頭。柳桿。蘆蓆等項。或託省會各機關代購。或由工池就近採集。務期價擇其廉。用得其當。工竣後所存材料。卽分別交與有關係各機關。作爲守堤防汛之需。

(乙)運輸　工振組各區工程應用材料。除由會商請鐵道部轉飭京滬津浦隴海平漢各路局協助轉運外。並經由會函請各該路車務處處長。爲本會工振組運輸委員。車務總段長分段長站長爲運輸專員。以及沿河有關係之各區行政專員各縣長。亦均任爲運輸委員或專員。以利進行。當是時鞏縣石料。利用水道順流而下。徐州大湖石料。利用鐵道沿隴海路而西。乃於蘭封設立運輸辦公處。專司其事。鞏縣亦派有專員。督促趕運。更恐沿途地方。或有留難情事。經電請河南劉主席分電鞏縣汜水中牟開封蘭封考城各縣長。及各該縣河口駐軍。對於工振組裝石船隻及所雇裝石船。特予隨時保護。查驗放行。勿任停留。幸得各方協助運輸。工作乃能順利進行。

(丙)儲藏　工程材料。一經運至馮樓工地。即由二區材料廠檢查驗收。登記入册。儲藏於廠棚之內。隨時憑請領材料單。分發各工段應用。該廠於二十三年七月上旬辦理結束。所有餘存各種材料。如石料青磚。秫稭柳枝柳椿柳桿蔴袋南蔴蔴蔴鐵錨葦蓆鉛絲磚籠蔴繩大洋松椿等。均點交河北河務局收用。其一部分片石蔴袋洋松椿鉛繩暨小鉄軌斗車夾板螺釘等件。則點交河北黄河善後工程處收用。

第六節　工振費

工振費由工振組斟酌工程情形。擬定需款數目。經核准後。填具請款書。函送財政組。俟款撥到後。再照數填送領款書。以爲收到憑證。自二十二年九月起至二十三年十一月止。先後共領一百三十三萬元。計周主任經領七十八萬元。孔主任經領五十五萬元。實支之數該組經支二十五萬三千七百四十六元零九分第一區工程處經支一十萬零二千四百二十一元一角二分第二區工程處經支八十萬零三千九百一十八元一角二分第三區工程處經支六萬二千七百二十七元八角四分駐汴辦事處經支七萬四千一百一十六元三角一分駐漢辦事處經支一萬三千七百二十三元四角三分自二十二年九月至二十三年十月止已支之款共一百三十一萬零六百五十二元九角一分計節餘之款約一萬九千三百四十七元零九分儲作工振組奉命監視長垣堵口進行延長工作工務費用與駐汴辦事處及無線電台經費之各項開支其駐汴駐漢兩辦事處及該組經支之工振費大多數係因馮樓堵口工程所需各項工料之購辦及運輸等費仍歸二區工程處範圍惟爲表明會計手續起見故仍分列各原支機關帳內以昭

核實。

第四章 衛生組辦理經過情形

第一節 衛生組成立及計畫

此次被災各縣，多屬鄉村僻壤，平日已無衛生設備，一旦水災暴發，人民相率逃亡，聚羣而處，露食野宿，幸不爲凍餒而死者，亦難免疾疫之侵襲，是以本會於籌振之外，並注重衛生醫藥之救濟。

該組成立之初，組主任劉瑞恆卽飛赴災區視察，並派處長梅貽琳及醫師多人，分赴各地調查，以便組織實施工作，自二十二年十月起，迄二十三年四月止，共計七個月，其中二十二年十一十二兩月及二十三年一月份，診療疾病人數最多，如以病類分别言之，則以胃腸病外傷疥瘡砂眼等爲最多，由此而推，可想見農村生活之一般情形，及農村衛生建設需要之迫切也．茲將該組辦理經過情形．分述如次．

（一）組織

衛生組之組織．計分事務股醫療防疫股及衛生工程股三股．災區方面．則設山東辦事處於濟南．設冀豫辦事處於開封．並擇被災重要縣分．分別設置醫隊．山東則有濟寧醫隊．鄆城醫隊．范縣醫隊．菏澤醫隊．濟南醫隊等五隊．隸屬於山東辦事處．河北則有長垣醫隊．東明醫隊．濮陽醫隊．河南則有滑縣醫隊．考城醫隊温縣醫隊等六隊．均隸屬於冀豫辦事處．計共爲十一個醫隊．

（二）人員

衛生組主任．由衛生署長劉瑞恆兼任．副主任爲經委會衛生實驗處副處長金寶善兼任．山東及冀豫兩辦事處處長則調由軍事委員會軍醫設計監理委員會事務處長梅貽琳兼任。往來濟汴兩處，指揮各醫隊進行工作。其醫師護士等人員，或調自各衛生機關，或由組遴選委任。兩辦事處各置醫師二人。各醫隊置主任醫師一人，助理醫師一人，計全組共有醫師二十餘人。主任護士一人，護士四十餘人，衛生稽查二人，衛生工程師一人，藥師一人，技術助理員一人，練習生四人。

第二節　衛生工作概況

（一）山東辦事處及各醫隊

衛生組於二十二年九月二十日組織成立，即派員前往濟南籌設山東辦事處，於九月二十四日開始工作，借用山東省民政廳內餘屋爲辦公處所，派一醫師負責主持，並設助理醫師司藥衛生稽查技佐事務員等襄理處務。

（甲）濟寧醫隊　該醫隊設於濟寧縣城，於九月二十六日成立，其工作區域，除本縣外，兼及嘉祥汶上金鄉魚台四縣之衛生防疫工作，十一月間幷在城西二十五里之河長口及城西南之大流店，增設固定之分診所各一處，以應需要，至十二月中旬，因災民漸見減少，全隊卽於是月十六日結束，計自開辦以來共診病人五千零八十八名，就中以內科疾病爲最多，皮膚病次之。

（乙）鄆城醫隊　該醫隊亦係九月二十六日成立，設於鄆城縣內，其工作區域，爲鄆城鉅野城武定陶等四縣，於十一月間應事實之需要，於城西三十里之飛哲集及城西六十里之黃姑庵，各增設固定分診所一處，二十三年一月八日及十二日飛哲集診所，先後發見白喉病人二名，一人因就診過遲不及救治。其餘一人。經治療後日見痊愈此後未見傳染。該診所因就診病人日漸減少即於一月底裁併。迨至二月所有鄆城附近各縣災區。已次第恢復。災民亦已大半遣回原籍。經斟酌實地情形。已無設立醫隊之必要。即於是月二十一日實行裁去。計自開辦以來。共診病人一萬七千四百五十五名。

(丙)范縣醫隊　該醫隊於十月六日成立。設於范縣城內。辦理范縣壽張陽穀濮縣等四縣醫療衞生事宜。並設分診所二三處以便災民就診。十一月間因壽張第一收容所收容災民數近四千人。因自十二月起在該處添設分診所一處。至二十三年二月病患日見減少。即將壽張診所撤銷。三月底即將全隊結束。該隊自開辦以迄結束。共計診療各科病人二萬七千九百三十五名。

（丁）菏澤醫隊　該醫隊九月間即籌計設立，因交通不便，輾轉繞道，至十月二十五日始克正式成立，專辦該縣各鄉災民衛生醫療事宜，除門診外，並派醫護人員前往城隍廟倉房太山行宮三里屯及雙河集等處所設災民收容所，巡迴診療，於十二月間添設分診所三處，以便就診，全隊於二十三年四月始行結束，共計診療各科病人一萬六千六百三十七名。

（戊）濟南醫隊　濟南爲山東省會，水災以後，魯西災民紛紛逃生至此，當地市政當局，曾就公所會館等餘屋，設收容所，至十月底止已成立收容所十六處，災民近萬餘人，衛生組爲應事實需要計，爰設立濟南醫隊，於十一月十八日起開始診療，與濟南市政府所辦之醫務所，商定指定七個收容所，災民由濟南醫隊巡迴治療，其罹重病者即轉送齊魯醫院就診，至二十三年一月，因濟市又添設第十七災民收容所一所，該所災民疾病，亦歸濟隊診治，連前七收容所，計該隊負責治療者爲八個收容所，改爲上午門診，下午出診，急症隨時往診，二月間因各收容所時有麻疹發現，經即籌畫隔離辦法，商請市政府辦理，旋以各災區漸形恢復，災民陸續遣回原籍，該隊即於三月底結束，計共診療病人七千七百名。

（二）冀豫辦事處及各醫隊

河北河南兩省受災縣分，以長垣東明濮陽滑縣考城温縣等爲最重，均毗連開封省會不遠，爲便利救濟計，設冀豫辦事處於開封，於九月二十五日成立，在新街口七十二號賃屋辦公，派醫師負責主持，並設助理醫師司藥衛生稽查技佐事務員等人員，襄理處務，直轄下列各醫隊。

（甲）長垣醫隊　衛生組原定於九月中設置長垣醫隊。以該縣土匪充斥。道路梗阻。迄十月十五日派員始克到達。正式成立。除辦理門診外。並自十一月十一日起在信集設立分診所一處。治療第二工振區內之工人。十七日起在封邱縣增設一分診所。便於該縣災民就醫。十二月間復在馮樓設立診所一處。並派員往香里張大車集及焦寨等處巡迴治療。二十三年二月發現麻疹及傷寒病。經設法嚴密隔離。幸未蔓延。自四月一日起、將該隊改組巡迴醫隊第一隊。實行巡迴醫療。迄四月底結束。共計診治病人二萬一千三百四十八名。

（乙）東明醫隊　東明縣屬河北省。受災頗烈。衛生組於九月中卽擬在此設一醫隊。旋於十月初籌備完竣、正式成立。其工作區域。限於該縣境內。除辦理日常門診外。並於一、二、四、五、七、八等日。派員至小龐莊。三、六、九等日。至霍寨爲三工振區工人診治疾病。二十三年一月間因第三工振區結束。亦卽將小龐莊診所裁去。專辦本隊門診。及霍寨診療工作。並往各鄉村及龍王廟雷莊雙井村等處。巡迴治療。平均每日診治病人均在百名以上。旋於二月底因事實上已無必要。卽行全隊結束。總共診治病人二萬二千一百六十八名。

(丙)濮陽醫隊　該醫隊成立於九月二十六日。專辦該縣境內各災區醫療衛生工作。自十一月十七日起。並派員在霸頭。治療第二工振區工人疾病。旋因事實上之需要。將全隊人員分爲三隊。一隊在城內應診。一隊在新集地方開診一週。卽赴各鄉巡迴診療。一隊在八孔橋地方開診一週。亦卽分赴各鄉及工振區巡迴診療。迨二十三年四月一日。與滑縣醫隊合併。

改組爲巡迴醫隊第二隊，於四月底結束，統共診治各科病人一萬五千四百二十四名。

（丁）滑縣醫隊　該醫隊駐設滑縣城內，於九月二十六日成立，因該縣災情奇重，專辦該縣境內各鄉災區一切醫療衛生事宜，將醫務人員分爲兩隊，一隊駐城內應付門診，一隊巡迴各鄉間治療受病民衆，二十三年一月該隊改分爲四個診所，是月縣政府內之收容所，曾發現小兒麻疹三名，經施隔離治療，幸未蔓延，三月間以鑒於長垣馮樓係屬工振重要地點，經自四月一日起，將該隊及濮陽醫隊合併，改組爲巡迴醫隊第二隊，巡迴各較遠鄉村，及鄰縣災民聚集之處，以期普及治療，該巡迴醫隊即由衛生組直轄，旋於四月底結束，計自成立以來，診治各科病人一萬五千二百二十九名，其中以內科疾病爲最多．外科次之．

（戊）考城醫隊　該醫隊於九月二十六日成立．駐設考城縣內．其工作區域．爲考城蘭封封邱等三縣．十月間因辦理堵口工程之處．工人甚多．特在三義寨四明堂小宋集及蘭封之雷集等四處．各設固定分診所一處．爲災工災民實施診療．旋因四明堂距離醫隊較遠．且因寒凍工程停止進行．卽將該分診所人員．調往雷集分診所．共同辦理．迄二十三年二月．因災區次第恢復．災民大半回籍．卽於是月十三日先將雷集診所撤銷．二十日復將小宋集診所撤銷．月底全隊結束．計共診治病人二萬八千三百五十九名．

（己）温縣醫隊　該醫隊於十月七日成立．駐設温縣城內．其工作區域．爲温縣汜水武陟孟縣等縣．門診開診以來．每日均達數百人，除設立兩固定分診所外，並施行巡迴診療，迄二十三年二月災區漸復，已無設立醫隊必要，即於四月底結束，計共診治病人二萬一千九百七十五名。

以上爲關於醫療方面工作情形，共計診療人數爲二十萬零七千一百五十四人，至其他工作，則有接種牛痘傳染病處置環境衛生及衛生演講等，均同時並重，計各醫隊接種牛痘人數共爲一萬二千一百四十一人，傳染病處置隔離人數爲二百二十三人，消毒例數爲七十四次，環境衛生視察次數，共五百三十次，改良次數，爲三百三十七次，衛生演講，共五百二十七次，聽講人數共約八萬五千五百八十餘人，茲將各項工作統計診療疾病分類統計及按月統計各表列後，以備省覽。

黃河水災救濟委員會章程

一條　國民政府爲救濟黃河水災區域內難民及辦理災區善後事宜設立國民政府黃河水災救濟委員會直隸於行政院

二條　本委員會由國民政府特派委員二十三人組織之指定一人爲委員長另設委員若干人由委員長聘請之

三條　本委員會設常務委員會以國民政府特派之常務委員組織之

四條　本委員會設總辦事處由委員長指定委員一人爲處長總辦事處處長依本會及常務委員

第五條　會所定政策執行本會一切行政事宜

第六條　總辦事處分設總務，財政，災賑，工賑，衛生，五組每組設主任一人商同處長分掌本組事務各組主任由委員長就委員内指定之

第七條　總辦事處及各組職員以向各機關調用爲原則

第八條　本委員會應將工作情形及開支款項隨時報告政府依法審核賑務結束時應編製總報告呈送備核

第九條　本委員會辦事規程另定之

第十條　本章程自呈經國民政府核准之日施行

委員會辦事規程

一條　本辦事規程依據本會章程第八條規定之

二條　關於本會之救濟計劃及財政分配各事宜均由委員會會議決定

三條　本委員會會議分爲全體會議及常務會議兩種

四條　全體會議以政府特派委員及本會聘請委員組成之

全體會議由委員長召集開會時由委員長主席

五條　常務會議以政府指定委員九人組成之本會總辦事處處長及各組主任得出席會議

常務會議由委員長召集開會時由委員長主席委員長不能出席時公推委員一人爲主席

第六條　以上各會議議決事務交總辦事處執行之

第七條　本會議事日程及會議錄由總辦事處辦理

第八條　本規程如有未盡事宜得隨時修改之

第九條　本規程自常務委員會議决之日施行

總辦事處組織簡章

一　條　本總辦事處依本會章程第四第五兩條之規定組織之

二　條　總辦事處分設總務財政災賑工賑衛生五組其職務如下

甲、總務組　掌理文書編輯調查統計及不屬於各組事宜

乙、財政組　掌理預算決算之編製款項之收支保管暨會計稽核各事宜

丙、災賑組　掌理災區災振之計劃及振款振品分配發放各事宜

丁、工賑組　掌理災區工程之計劃及實施

各事宜

戊、衛生組　掌理災區之衛生防疫及醫療救濟各事宜

第三條　總辦事處處長承委員長之命依照全體會議常務會議所定政策指揮監督本處及各組職員辦理一切事宜

第四條　總辦事處設秘書二人至四人幹事及辦事員各若干人

第五條　總辦事處爲攷察各災區辦理災振工振衛生情形得設視察員四人至六人

第六條　總辦事處因辦事之必要得酌用雇員

第七條　各組工作情形每月應報告總辦事處

第八條　各組訂定單行章程應送交總辦事處查核其對外一切文件均應送由總辦事處核發

第九條　本會職員薪津旅費按照另擬規則支給

第十條　本簡章如有未盡事宜得隨時修正之

第十一條　本簡章自常務委員會議決之日施行

總務組組織簡章

一　條　本組依本會章程第五條之規定組織之

二　條　本組設組主任一人綜理本組一應事務

三　條　本組設秘書一人至二人襄助主任辦理一應事務

四　條　本組分設四股每股設股主任一人承組主任之命分掌各股應辦事務

五　條　本組各股職掌如左

甲、第一股　掌理典守印信收發分配撰擬保存文件及紀錄職員進退暨不屬於其他各股事項

乙、第二股　掌理編輯文牘撰擬翻譯文件

及徵集並整理報告各事項

丙、第三股　掌理本組經費收支編製預算概算等事項

丁、第四股　掌理購置保管器具物品及一切庶務事項

第六條　本組各股設股員辦事員承長官之命助理各股事務

第七條　本組因辦事之必要得酌用雇員

第八條　本簡章如有未盡事宜得隨時修正之

第九條　本簡章自常務委員會議決之日施行

財政組組織簡章

第一條　本組依本會章程第五條之規定組織之

第二條　本組設組主任一人主持本組一應事務

第三條　本組設祕書一人襄助組主任辦理一應事務

第四條　本組分設三股每股設股主任一人承組主任之命分掌各股應辦事務

第五條　本組第一股職掌如左

一、關於預算決算之編製核轉事項

二、關於各項支出計算書據之編製核轉事項

三、關於各項經費之核發事項

第六條　本組第二股職掌如左

一、關於收支賬目之登記事項
二、關於收支報告之編製事項

第七條 本組第三股職掌如左
一、關於本組文書庶務事項
二、關於現金之保管出納事項
三、不屬於其他各股事項

第八條 各股共設股員八人辦事員六人分承長官之命助理各本股應辦事務

第九條 本組因辦事之必要得酌用雇員

第十條 本簡章如有未盡事宜得隨時修正之

第十一條 本簡章自常務委員會議决之日施行

災賑組組織簡章

一　條　本組依本會章程第五條之規定組織之

二　條　本組掌理各事項如左

甲　查放急賑事項

乙　收容災民事項

丙　設立粥廠事項

丁　協助災民復業事項

戊　其他交辦事項

三　條　本組設組主任一人綜理本組事務並督率所屬執行各處災振工作

四　條　本組設秘書一人至二人

五　條　本組分設總務查放採運三股每股設股主任

一人

第六條　本組實施災振時得於受災較重省分設立查放處每處設主任副主任各一人其組織規程另定之

第七條　秘書輔助組主任掌理本組事務各股主任及查放處主任副主任承組主任之命分掌本組各項事務各股股員辦事員及查放處採運辦事處幹事查放員承主管主任之命分理各項事務

第八條　本組於必要時得於受災省分設立災振委員會其組織規程另定之

第九條　本組於必要時得請由本會聘請顧問

第十條　本組需要職員時得請由本會向各機關調用

第十一條　本組所屬機關之辦事細則另定之

第十二條　本組因辦事之必要得酌用雇員

第十三條　本簡章如有未盡事宜得隨時修正之

第十四條　本簡章自常務委員會議決之日施行

工振組組織簡章

第一條　本組依本會章程第五條之規定組織之

第二條　本組掌理之事項如左

一、排除積水

二、堵塞决口

三、修復堤壩

四、其他工程事項

第三條　本組設置之職員如左

一、組主任一人督率本組所屬職員處理一切事宜

二、總工程司一人協助本組主任指導技術人員擬訂一切工程計劃

三、事務股設股主任一人承本組主任之命辦理文書編查事務等事宜

四、工務股設股主任一人承本組主任之命辦理設計測繪考核等事宜

五、祕書一人至二人承本組主任之命掌理機要事務

第四條 本組因事實上之需要得酌用主任工程司正工程司副工程司視察員技術員股員辦事員分派於事務股及工務股承股主任之命辦理指定工作

第五條 本組就工作所在地分區設立工程處承組主任之命實施各項規定之工程計劃其細則另

訂之

第六條　本組爲集思廣益起見設立工程委員會審核一切工程計劃彙送本組主任轉飭各區工程處施行其細則另訂之

第七條　本組得組織測量隊實施查勘測驗等事宜

第八條　本組於實施工程時得商同各水利機關及地方政府與以相當之協助

第九條　本組需要之計劃圖表等材料得請由本會向其他有關係各機關調集之

第十條　本組因辦事之必要得酌用雇員

第十一條　本簡章如有未盡事宜得隨時修正之

第十二條　本簡章自常務委員會議決之日施行

衛生組組織簡章

一　條　本組依本會章程第五條之規定組織之

二　條　本組掌理災區人民之衛生防疫及醫療救濟事宜對於災區各地方公私立醫療機關及衛生行政機關暨其他臨時衛生醫療救濟各機關團體有支配指揮之權

三　條　本組設左列各股

一、事務股

二、醫療防疫股

三、衛生工程股

四　條　事務股之職掌如左

一、關於文書事項

二、關於會計事項
三、關於庶務事項

第五條　醫療防疫股之職掌如左
一、關於傳染病之預防接種及防制事項
二、關於診療所及巡迴醫隊等之設置事項
三、關於災區病人之住院治療事項
四、關於公衆衛生宣傳事項
五、關於營養病之防止事項

第六條　衛生工程股之職掌如左
一、關於災民羣集處所之一般衛生事項
二、關於安全飲水之供給事項
三、關於糞穢清除及埋葬事項

四、關於食物之檢查取締事項

第七條　本組於災區設置辦事處醫隊及醫院其辦事處之組織章程另定之

第八條　災區衛生工作之範圍依災振工振兩組之計劃而定

第九條　本組置左列人員

一、組主任一人綜理全組一切事宜

二、股主任三人分辦各該股事務

三、災區辦事處設處長管理各醫隊及其工作事宜

四、祕書及辦事員若干人掌理主任交辦之文書報告等事項

五、醫師衛生工程師藥師技術助理員護士衛生稽查等各若干人辦理各該股隊應辦事務

第十條　本組於必要時得調用中央及各地方各醫療衛生機關人員并得聘用專門技術人員

第十一條　本組設顧問委員會其細則另定之

第十二條　本組因辦事之必要得酌用雇員

第十三條　本組爲求事務進行之有效起見得依軍事組織處理一切事務

第十四條　本簡章如有未盡事宜得隨時修正之

第十五條　本簡章自常務委員會議决之日施行

工振組工程委員會簡章

一　條　工振組爲討論及審定一切工程計劃與實施事宜特設工程委員會

二　條　工程委員會除工振組主任總工程司及工務股主任爲當然委員外延聘國內外水利專家十一人至十五人組織之

三　條　工程委員會會議範圍如下

一、測勘計劃

二、工振計劃

三、實施程序

四、其他有關工程事項

四　條　工程委員會會議規則如下

一、出席人員　本會委員

二、開會日期　由工賑組主任召集之

三、主席　以工振組主任或總工程司爲主席

四、委員如因故不能出席時得委派他委員代表出席

五、議案　委員提案須在開會前提出以便編入議程臨時提案經其他委員之附議得於議程完畢後提出討論

六、議決事項　凡一議案經出席委員過半數之同意議決始生效力可否同數取決於主席

七、本會開會時須有過半數之委員出席

第五條　本會議案記錄及其他會務由工振組工務股主任掌理之

第六條　本簡章如有未盡事宜得由委員三人以上之提議經會議議決呈請修改之

第七條　本簡章自常務委員會議决之日施行

稽核委員會簡章

一條　本委員會由國民政府黃河水災救濟委員會聘請稽核委員三人組織之並指定一人爲駐會委員兼開會召集人

二條　本委員會事務之處理以委員二人以上之同意行之惟日常事務由駐會委員處理之

三條　本委員會設祕書一人秉承委員之命辦理一應文書及其他事務

四條　本委員會設稽核員二人至五人承委員之命辦理稽核事務

五條　本委員會因辦事之必要得酌用雇員

六條　本簡章如有未盡事宜得隨時修正之

第七條　本簡章自常務委員會議决之日施行

黃河水災救濟委員會暫行會計規程

一條　本會會計事項除中央別有法令規定者外悉依本規程辦理

二條　本會辦理災區難民救濟及善後事宜經費均屬急切需要由會依照預算章程第三十九條之規定擬定經費總數呈請　行政院轉請國民政府核准領支再行補具預算送請核轉追認

三條　本會各項經費由會規定總數再由各組各就主管範圍編製詳細預算書二份送財政組

前項預算書用直行式中國紙內分科目預算數說明等三欄

四　條　行政經費預算科目參照中央規定歲出科目編列災賑工賑衛生等費預算科目由各組各就事實酌定之

五　條　各組預算送達財政組後由財政組彙編總預算書送由總辦事處提請常務委員會核定之

六　條　總預算核定後由會呈請　行政院轉請　國民政府核轉中央政治會議追認並以預算書一份送審計部備案

七　條　總預算核定後由各組依核定範圍按照各月份所需數目造具分配表三份送財政組備查前項分配表用縱橫式分科目預算數及各月份分配數等三欄各月份分配數欄內再依月

數分成數小欄科目及預算數欄內依核定預算填列各月份分配數欄內依各該月份所需數目分別填列

第八條　本會向國庫領款由財政組依照中央規定辦法辦理其他收入款及各組繳還款亦由財政組核收

第九條　財政組領到收到各款悉存中央銀行非依預算或委員長命令不得支付

第十條　本會各項經費均由各組逕向財政組領支

第十一條　各組請領經費應依預算及分配範圍填具二聯請款書截留存根一聯以憑單一聯送財政組查核相符卽簽支票送交領款組持向銀行

取款

前項請款憑單須由請款組主任署名蓋章或簽字財政組簽發支票須開明領款組名並由財政組主任署名蓋章或簽字

第十二條　各組收到支票時卽填具二聯領款書截留存根一聯以收據一聯送交財政組存查

第十三條　各組所領經費如係轉發所屬機關或所管部份或所派負責人員經手支用不由各組直接開支者其領發款手續參照前二條規定辦理由領款機關或部份或人員填具請款憑單及領款收據送發款組存查

第十四條　各組繳還經費餘款應填具二聯繳款書截留

存根一聯以通知一聯連同現金送交財政組核收

各組所屬機關或所管部份或所派負責人員向主管組繳還餘款亦依前項規定填送繳款通知

第十五條 財政組收到繳款通知及現金核對相符卽填具二聯收款書截留存根一聯以收據一聯送交繳款組存查

各組核收所屬機關或所管部份或所派負責人員繳還餘款亦依前項規定填給收款收據

第十六條 財政組收到其他機關撥入款或團體私人捐助款亦依前條規定填給收款收據

第十七條　本會各組須置備下列各帳簿

一、現金日記帳

二、總帳

三、分戶帳

其他帳簿就各組事實上之需要酌量增設之

第十八條　本會在災區所設各辦賑機關應置帳簿由各組依其組織大小及事務之繁簡酌定之

第十九條　本會各組及在災區所設各辦賑機關所辦會計事項及所記收支帳目隨時由稽核委員會派員指導檢查之

第二十條　本會各組所領經費如係轉發所屬機關或所管部份或所派負責人員經手支用者各該機

關部份及人員均於每月經過後五日內將該月份收支各款造具四柱清冊二份連同支出單據送主管組查核

第二十一條

各組於每月經過十日內將該月份本組及所屬各機關或所管部份或所派人員經手收支各款彙編四柱清冊二份連同支出單據送財政組

前項四柱清冊依截至各該月底止本組實際收支及所屬機關或部份或人員報到清冊單據核編其本組應屬當月份支款在次月內支出者卽歸次月份清冊內列報所屬機關或部份或人員經支款項不論支款所屬月份均歸

報到月份清册内列報

第二十二條　各組所編各月份四柱清册内包括本組及所屬機關或所管部份或所派人員經管收支各款者應於各柱内分别列明各個細數

第二十三條　各組所編四柱清册内開除部份以實際支出取得單據者爲限其轉發款之未經開支或雖經開支未據報到者均作結存款論

第二十四條　各組隨同四柱清册附送之支出單據須由負責人員蓋章編號固封並於清册開除各款下註明單據號次及張數

第二十五條　財政組收到各組月份四柱清册及單據後彙編月份支出計算書收支對照表並將單據粘

簿送經稽核委員會查核後送總辦事處函送審計部核銷

第二十六條　財政組每届月終將本會收付各款編製月報表送經稽核委員會查核後送總辦事處呈報委員長並函送財政部及主計處備查

第二十七條　本會會務結束後由財政組編製收支總報告及决算報告書送經稽核委員會查核後送總辦事處分送主計處審計部財政部並呈報行政院轉呈　國民政府備案

第二十八條　各項書表報告帳簿格式另定之

第二十九條　本規程如有未盡事宜由財政組會同各組及稽核委員會商擬補充修改之

第三十條　本規程自呈奉　委員長核准之日施行

黃河水災救濟委員會組織系統表

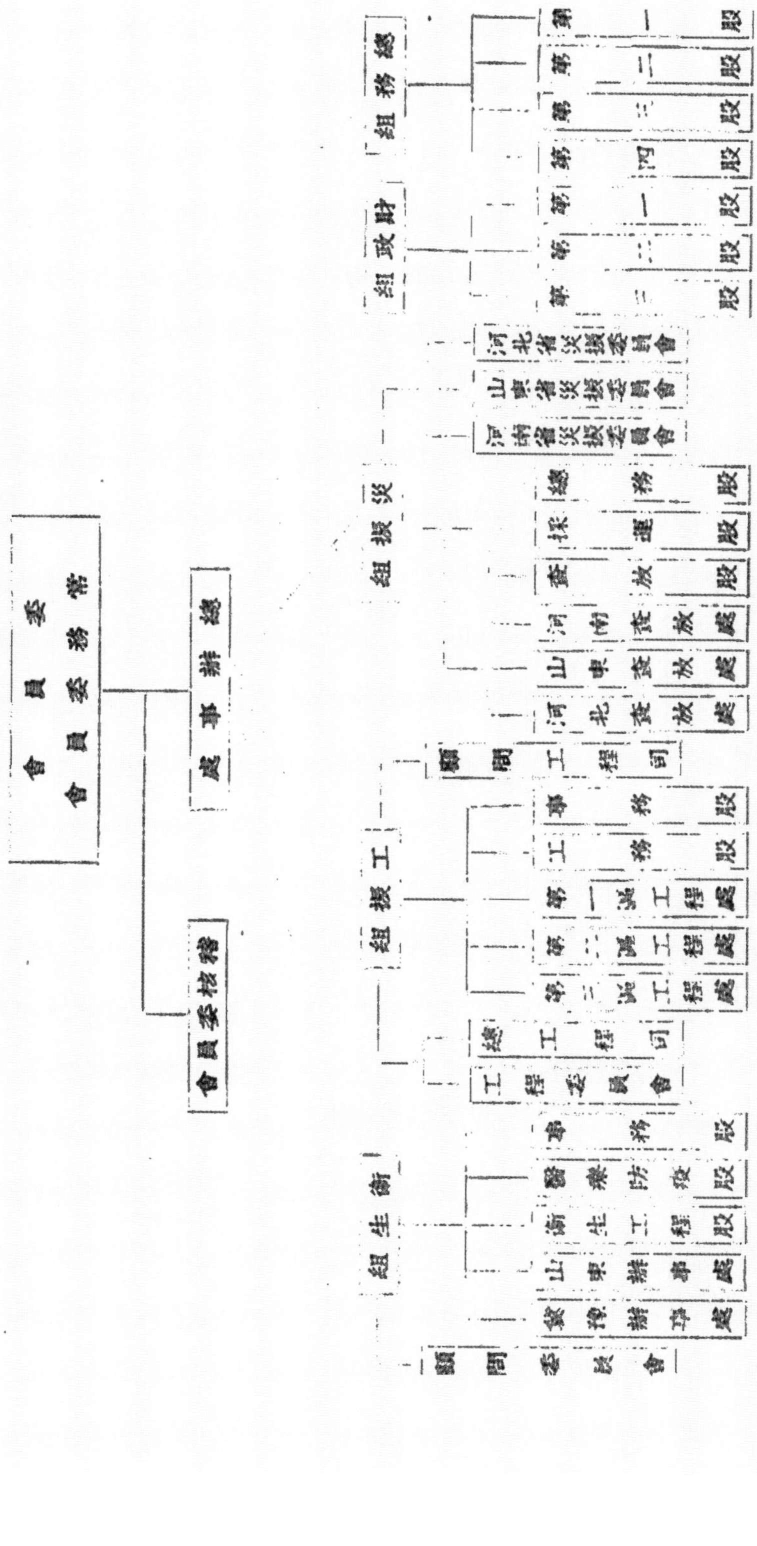

災振組織系統表

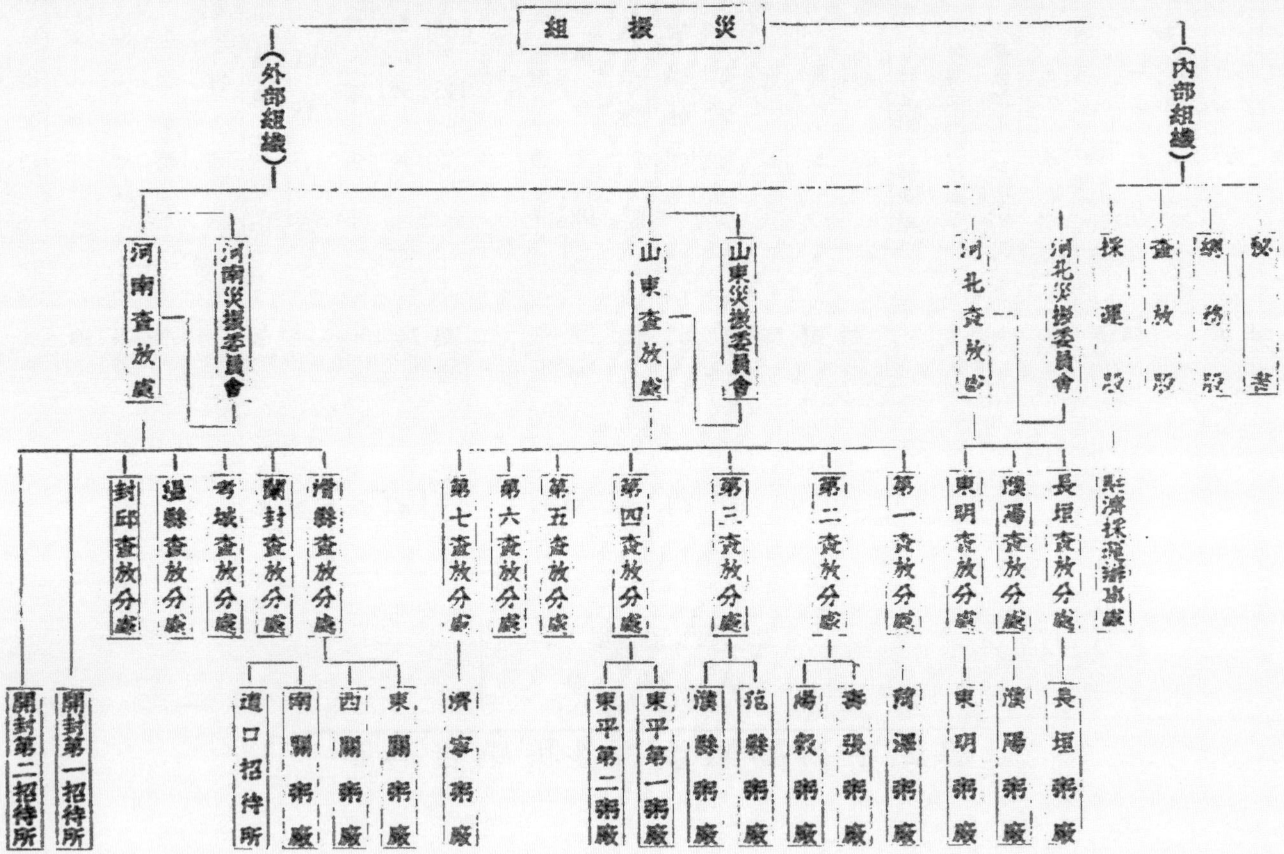
災振組
內部組織
外部組織
秘書
總務股
查放股
採運股
駐濟採運辦事處
河北災振委員會
河北查放處
長垣查放分處
濮陽查放分處
東明查放分處
長垣粥廠
濮陽粥廠
東明粥廠
山東災振委員會
山東查放處
第一查放分處
第二查放分處
第三查放分處
第四查放分處
第五查放分處
第六查放分處
第七查放分處
菏澤粥廠
壽張粥廠
陽穀粥廠
范縣粥廠
濮縣粥廠
東平第一粥廠
東平第二粥廠
濟寧粥廠
河南災振委員會
河南查放處
滑縣查放分處
開封查放分處
考城查放分處
溫縣查放分處
封邱查放分處
東關粥廠
西關粥廠
南關粥廠
道口招待所
開封第一招待所
開封第二招待所

表三

工振組組織系統表

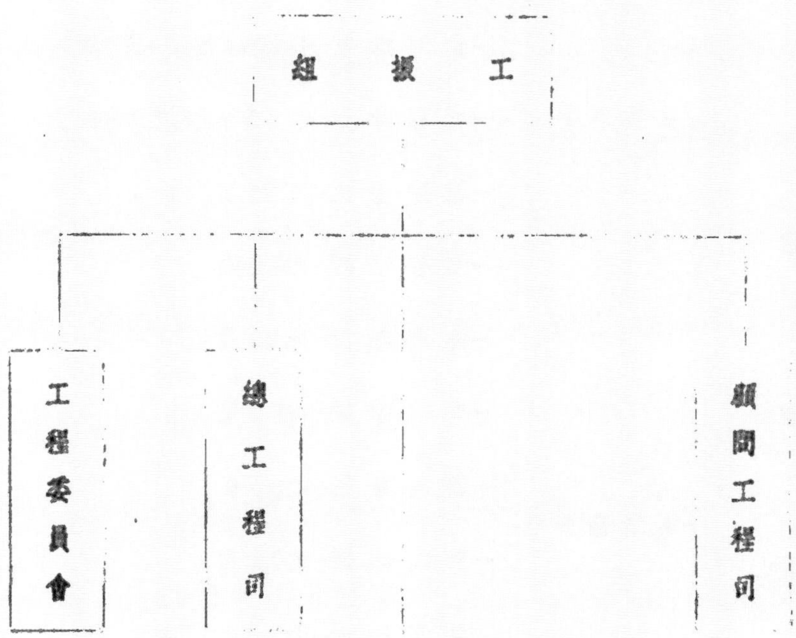

表四

衛生組組織系統暨工作區域表

- 衛生組
  - 事務股
  - 醫療防疫股
  - 衛生工程股
  - 山東辦事處
    - 濟寧醫隊—濟寧嘉祥汶上金鄉魚台等縣
    - 鄆城醫隊—鄆城鉅野城武定陶等縣
    - 范縣醫隊—范縣壽張陽穀濮縣等縣
    - 菏澤醫隊—菏澤城鄉
    - 濟南醫隊—濟南城鄉
  - 冀豫辦事處
    - 長垣醫隊—長垣城鄉
    - 東明醫隊—東明城鄉
    - 濮陽醫隊—濮陽城鄉
    - 滑縣醫隊—滑縣城鄉
    - 考城醫隊—考城蘭封封邱等縣
    - 溫縣醫隊—溫縣汜水武陟孟縣等縣
  - 巡迴醫隊
    - 第一隊 係由長垣醫隊改組仍在該縣附近巡迴醫療
    - 第二隊 由濮陽滑縣兩醫隊改組仍在該兩縣附近巡迴治療

河北山東河南臨時急振及凌振一覽表

表五

省別	支配總數	縣別	實放數	餘數	附註
河北	100,000.00	長垣	39,155.00		餘款八百九十五元撥交河北省黄河水災救濟委員會歸入春振散放
		東明	30,000.00		
		濮陽	29,950.00		
		三縣合計	99,105.00	895.00	
	凌振 12,000.00	長垣	5,110.00	6,890.00	餘款以六千八百八十九元一角三分購買振品散放餘八角七分繳回
山東	200,000.00	菏澤	15,000.00		餘款三萬一千元撥歸東平范縣濮縣陽穀壽張菏澤濟寧七粥廠及菏澤壽張兩收容所支配
		定陶	4,000.00		
		壽張	18,190.50		
		陽穀	11,809.50		
		范縣	15,000.00		
		濮縣	15,000.00		
		東阿	12,000.00		
		東平	12,000.00		
		長清	1,000.00		
		肥城	1,000.00		
		鉅野	14,000.00		
		鄆城	8,000.00		
		鄄城	1,000.00		
		單縣	8,000.00		
		曹縣	7,000.00		
		魚台	2,000.00		
		金鄉	2,000.00		
		城武	4,000.00		
		濟寧	6,000.00		
		汶上	4,000.00		
		嘉祥	8,000.00		
		二十一縣合計	169,000.00	31,000.00	
河南	100,000.00	蘭封	10,000.00		餘款內以四萬零一百三十五元一角四分撥歸滑縣開封鄭州道口等粥廠及招待所支配以三千九百八十九元二角三分撥助開封鄭州洛陽等處慈善機關尾數六角三分繳回又表列商邱陝縣鞏縣中牟鄭縣開封汜水等七縣因災輕祇散放衣糧未分配急振
		民權	1,000.00		
		商邱			
		虞城	1,000.00		
		陳留	200.00		
		考城	8,000.00		
		孟津	1,000.00		
		靈寶	1,000.00		
		陝縣			
		鞏縣			
		封邱	6,500.00		
		中牟			
		鄭縣			
		開封			
		廣武	1,000.00		
		滑縣	12,675.00		
		溫縣	4,000.00		
		武陟	6,500.00		
		孟縣	2,000.00		
		汜水			
		沁陽	1,000.00		
		二十一縣合計	55,875.00	41,125.00	
三省總計	412,000.00	四十五縣	329,090.00	82,910.00	餘款支配各項用途(詳見前欄)計八萬二千九百零八元五角連同實放數共四十一萬一千九百九十八元五角尾數一元五角繳回

表六

冀魯豫三省棉衣支配及實放一覽表

省別	支配總數	各方捐助數	縣別	實放數	餘數	附註
河北	65,000套	8,147套半	長垣	29,051套半		
			東明	17,500套		
			濮陽	26,596		
			三縣合計	73,147套半		
		凌振 700套	長垣	700套		
山東	78,000套	700套	菏澤	14,000套		査濟南市所散放之棉衣七百套係捐助人指定之散放區域故該市雖不在災區之內亦未便代爲變更祇就黃災災民之逃往該市者査明散放
			定陶	1,040		
			壽張	9,874		
			陽穀	4,626		
			范縣	7,300		
			濮縣	6,960		
			東阿	4,000		
			東平	7,000		
			長清	400		
			肥城	400		
			鉅野	6,000		
			鄆城	3,360		
			鄄城	1,200		
			單縣	2,000		
			曹縣	2,000		
			魚台	1,040		
			金鄉	1,040		
			城武	960		
			濟寧	1,040		
			汶上	800		
			嘉祥	2,960		
			濟南市	700		
			二十一縣一市合計	78,700套		
河南	67,000套	1,500套	蘭封	5,000套		
			民權	500		
			商邱	500		
			虞城	660		
			陳留	840		
			考城	5,000		
			孟津	2,200		
			靈寶	500		
			陝縣	500		
			鞏縣	500		
			封邱	6,000		
			中牟	640		
			鄭縣	1,500		
			開封	1,800		
			廣武	500套		
			滑縣	25,320套		
			溫縣	4,400		
			武陟	4,600		
			孟縣	2,000		
			汜水	1,498套半		
			沁陽	500套		
			撥各招待所及捐各慈善機關	3,540套		
			二十一縣撥助合計	68,198套半	一套半	
三省總計	210,000套	11,947套半	四十五縣一市	221,016套	一套半	計共散放二十一萬七千五百零六套撥各招待所及捐助各慈善機關三千五百四十套餘一套半已繳回

表七

散放冀魯豫振糧一覽表

省別	購買賑糧數量 糧別	數量 斤	兩錢	縣別	散放數量 紅糧 斤	兩錢	菉豆 斤	小麥 斤	小米 斤	兩錢	雜糧 斤	附註
河北	紅糧	1,846,684	9.9	長垣	814,100							(一)散放數目中有紅糧七九八・一〇〇斤係以現款每元折四十斤散放 (二)除上列散放數外尚有紅糧一五五・〇〇三斤一一兩五錢菉豆一八〇・二六六斤小麥二三八・一〇六斤八兩小米一二・六六七斤爲辦粥廠發凌振之用內凌振之糧即臨時急振及凌振一覽表中附註欄內餘款所購
	菉豆	180,226		東明	163,560				306,000			
	小麥	238,106	8.0	濮陽	714,020	14.4						
	小米	318,667		三縣合計	1,691,980	14.4			306,000			
山東	紅糧	346,652		菏澤								(一)山東振糧全數撥辦粥廠上項散放數係粥廠餘糧于結束時散放 (二)辦粥廠共用紅糧二七二.五五二斤菉豆七.六三八斤小米一.五〇三.四七六斤八兩
				定陶								
				壽張					89,800			
				陽穀					152,567			
				范縣					107,590			
				濮縣					90,822			
				東阿								
	菉豆	7,638		東平					67,913			
				長清								
				肥城								
				鉅野								
				鄆城								
				鄄城								
				單縣								
				曹縣								
	小米	2,015,643		魚台								
				金鄉								
				城武								
				濟寧	71,100				3,474	8.0		
				汶上								
				嘉祥								
				二十一縣合計	74,100				512,166	8.0		
河南	紅糧	1,461,256		開封	100,000				61,000			河南振糧除上列散放數外尚有紅糧六八・〇四〇斤小米九七九・二〇五斤一一兩爲辦粥廠招待所暨補助各慈善機關之用是項米糧係臨時急振餘款及振糧支配各災縣餘款所購
				民權								
				商邱	60,000							
				虞城								
				陳留	28,050							
				考城	169,000							
	菉豆	32,700		孟津					32,000			
				靈寶								
				陝縣	35,376							
				封邱					116,700			
				中牟							36,666	
	小米	1,536,358	3.0	鄭縣	48,980							
				蘭封	69,570							
				廣武								
				滑縣	882,240				67,807	8.0		
				溫縣					123.202	8.0		
				武陟					123,202	8.0		
	雜糧	36,666		孟縣								
				汜水					33,210			
				鞏縣			32,700					
				沁陽								
				二十一縣合計	1,393,216		32,700		557,152	8.0	36,666	

購買振糧數量三省合計　紅糧三・六五四・五九二斤九兩九錢　菉豆二二〇・五六四斤　小麥二三八・一〇六斤八兩　小米三・八七〇・六六八斤三兩　雜糧三六・六六六斤

表八

冀魯豫三省實振災民統計表

省別	縣別	實振災民數	備考
河北	長垣	168,468	長垣凌振受振三〇八八二人在內
	濮陽	121,576	
	東明	101,139	
	長垣粥廠	3,567	
	東明粥廠	4,664	
	濮陽粥廠	6,586	
	共計	406,300	

省別	縣別	實振災民數	備考
山東	菏澤	33,907	
	壽張	39,198	
	陽穀	22,015	
	范縣	36,827	
	濮縣	30,521	
	東阿	14,106	
	曹縣	2,600	
	鉅野	21,675	
	定陶	1,040	
	東平	44,791	
	鄆城	11,667	
	城武	1,220	
	單縣	13,040	
	嘉祥	10,557	
	鄄城	1,200	
	長清	410	
	金鄉	3,011	
	魚台	3,289	
	肥城	410	
	濟寧	15,116	
	汶上	5,022	
	濟南市	700	
	東平第一粥廠	6,083	
	東平第二粥廠	8,200	
	范縣粥廠	3,163	
	濮縣粥廠	3,190	
	陽穀粥廠	2,357	
	壽張粥廠	2,742	
	菏澤粥廠	2,956	
	濟寧粥廠	5,218	
	共計	345,561	

省別	縣別	實振災民數	備考
河南	滑縣	71,206	
	蘭封	23,576	
	虞城	1,202	
	民權	1,204	
	陳留	1,423	
	考城	19,436	
	孟津	3,833	
	靈寶	1,131	
	温縣	13,647	
	武陟	15,783	
	孟縣	2,211	
	沁陽	1,358	
	封邱	16,014	
	廣武	1,063	
	商邱	3,631	
	鞏縣	2,180	
	陝縣	1,557	
	汜水	2,562	
	開封	3,686	
	鄭縣	2,954	
	中牟	2,061	
	滑縣水災救濟會	10,496	
	開封黃災婦孺救濟會	210	
	開封婦孺收容所	400	
	開封災童教養院	258	
	洛陽孤兒院	50	
	新鄉招待所	100	
	鄭州災童教養院	200	
	豫西救災會	137	
	滑縣東關粥廠	9,688	
	滑縣西關粥廠	11,104	
	滑縣南關粥廠	13,092	
	開封第一災民招待所	1,153	
	開封第二災民招待所	1,587	
	道口移民招待所	17,018	
	鄭州移民招待所	3,322	
	共計	263,566	

三省合計　1,015,427　（以口爲單位）

表九

冀魯豫各粥廠受振人數一覽表

粥廠名稱	開設地址	開辦日期			結束日期			共賑人數（以口爲單位）
		年	月	日	年	月	日	
長垣粥廠	河北長垣	23	2	1	23	4	15	3,567
東明粥廠	河北東明	23	2	1	23	4	15	4,661
濮陽粥廠	河北濮陽	23	2	1	23	4	15	6,586
東平第一粥廠	山東東平	22	12	1	23	4	15	6,083
東平第二粥廠	同上	23	2	1	23	4	15	8,200
范縣粥廠	山東范縣	22	11	19	23	4	2	3,163
濮縣粥廠	山東濮縣	22	11	21	23	4	5	3,190
陽穀粥廠	山東陽穀	22	11	16	23	3	31	2,357
壽張粥廠	山東壽張	22	11	16	23	3	31	2,742
菏澤粥廠	山東菏澤	22	12	1	23	3	31	2,956
濟寧粥廠	山東濟寧	22	12	1	23	3	31	5,218
滑縣東關粥廠	河南滑縣	22	12	27	23	4	30	9,688
滑縣西關粥廠	同上	22	12	27	23	4	30	11,104
滑縣南關粥廠	同上	22	12	27	23	4	30	13,092
合計受振人數								82,610

蘭封考城温縣堵築工程預算表

表十

工料類別＼地點	蘭封	考城	温縣	備註
土方	24,519.60	800.00	10,698.00	
新堤土方		38,340.00		
新堤西堵口土工		31,667.00		
新堤東幫寬土工		11,108.00		
加堤土工			178,477.00	
邊磯	2,820.00	3,831.00	1,069.00	
加堤邊磯			17,818.00	
地價		2,600.00		連同取淤津貼
麻袋				20,000 只由黄河水利委員會撥
雜工	1,000.00	210.00	200.00	
雜料	850.00	200.00	200.00	
石壩二道	58,998.00			
石垛六個	55,002.00			
石護岸	31,208.00			長 500 尺
造林	604.00	220.00		考城按舊口門計算
共計	175,001.60	88,979.00	208,492.00	

以上三段總共需洋 472,472.60 元

表十一

長垣北岸堵築工程預算表

工別 料別	堵築一二四河口	堵築第三河口	挑水壩	護岸工程	引河工程	修復大堤	合計	單價(元)	款額(元)
柳枝(斤)	1,700,000	2,700,000	3,000,000	1,200,000	——	——	8,600,000	每百斤0.40	31,400
片石(方)	1,800	4,200	500	2,150	——	——	8,650	每方 30.00	259,500
青磚(塊)	1,920,000	6,720,000	——	——	——	——	8,640,000	每千塊 15.00	129,600
土方	——	——	——	——	15,000	140,000	155,000	引河每方 0.80 堤工每方 0.60	96,000
鉛絲(噸)	40	15	30	45	——	——	130	每噸 40.00	52,000
蔴袋(个)	180,000	130,000	75,000	——	——	——	385,000	每个 0.30	115,500
人工(个)	15,000	25,000	35,000	75,000	——	——	150,000	每工 0.35	52,500
木料									40,000
工具及零件									50,000
運輸									30,000
管理									36,000
預備金									180,000

以上總共須洋 1,075,500 元

表十二

工振組第一區工程處堵口土工統計表

段別	土方數（市方）	單價（元）	總價（元）	災工數	備註
蘭封	20,476.15	1.08——1.62	23,555.73	82,741	
考城	47,573.87	0.60——0.80	37,503.58	121,169	
溫縣	19,179.98	0.45——0.65	8,896.35	42,569	
總計	87,230.00		69,955.66	219,779	各段方價中不包括硪雜各工

工振組第二區工程處各項土工統計表

表十三

工程種類	土方數		單價（元）	總價（元）	領災工數	備考
堵築大車段各口門	32,380.57	華方	0.15－0.55	17,319.05	60,116	
堵築香里段各口門	18,598.65	華方	0.40－0.50	8,611.00	32,161	
修築由馬樓至大堤[illegible]埝	27,960.07	市方	0.33－0.60	12,101.50	26,343	
修築由馬寨至大堤[illegible]埝	9,125.29	市方	0.33	3,110.35	13,120	
修築第一灣口壩垛及兩端延長部份	4,919.11	市方	0.45－0.80	3,732.40	13,570	
堵築香亭口門	2,969.38	市方	0.50	1,184.69	9,120	
堵築[illegible]園口門	440.95	市方	0.50	220.18	1,510	
堵築陳浦串溝	2,105.49	市方	0.45	947.47	1,120	
修築石頭莊險堤	28,926.33	市方	0.85	21,587.38	91,958	
挑挖第一引河	1,975.00	華方	0.60	1,185.00	3,110	
挑挖第二引河	10,188.78	市方	0.80	8,151.02	29,170	
挑挖第三引河	799.91	市方	0.95	759.91	1,133	
挑挖第四引河	13,358.36	市方	0.90	12,022.52	26,073	
堵築太行堤口門	9,015.28	市方	0.40－0.45	3,786.58	18,526	
加培石車段大堤	211,131.18	市方	0.35－0.41	81,370.30	311,167	
總計	63,062.41	華方		182,72[illegible].68	711,802	
	309,262.57	市方				

二區工程處其他各項工程支用材料及工作人數統計表

表十四

第三口東岸護岸工程	第三口西岸護岸工程	第一二三道透水柳堤	第四口門鞏固工程	引河疏水工程	石頭莊圈堤	壩頭攔水壩	斷流壩西壩	鞏固斷流壩西壩	斷流壩東壩	合計	備註
69.63	143.91	305.33					488.90	490.22	2,794.72	4,318.97	此外如修築辦公室修築碉堡修理鐵路汽車路等項所用零星工料未列在內
313,161	91,440		223,090			363,570	129,870	279,200	2,855,946	4,261,317	
623,108	446,382	1,924,981	47,365	5,075	839,321		1,514,876	497,826	2,917,617	9,615,361	
								6,800	49,908	56,708	
			15,060	6,710	119,210	78,314	4,449	98,346	177,589	504,230	
744	886	344		90	5,070	5,793	1,128			17,307	
35	1	149	13	2			16		10	211	
96	36	131	63	5	47		117.50	19	99	658.50	
27		12	20				89.50	14	64	277.50	
									13	13	
175	353	55			59		1,058	98	1,688	4,165	
110	512	18					426	100	1,706	3,321	
								577	3,386	3,963	
					2,289	80,207				82,496	
					2	8			155	165	
					28,184	1,440,633				1,468,817	
									187	187	
									36	36	
2,580	1,070	920	1,668	404	1,479	1,742	2,073	1,711	10,835	26,299	
2,091	1,034	45	1,353	685	3,192		1,326	1,472	10,946	23,041	
1,461	4,127	5,156	646	1,247	19,993	2,797	8,331	36,660	105,773	190,237	
1,808	300	5,080		290	643	3,103	3,368	1,257	22,985	40,512	
156	123	29			201		189	96	2,099	3,081	
	11	4					16		334	402	

工振組第二區工程處其他各項工程支用材料及工作

名稱 \ 工別 數量	第一口門 緩溜修路工程	第二口門 緩溜架橋工程	第三口門 緩溜工程	第四口門 緩溜架橋工程	第一挑水壩	第三口東岸 護岸工程	第三口西岸 護岸工程	第一二三道 透水柳堤	第四口門 鞏固工程	引河疏水工程
片石（方）			9.92		16.34	69.63	143.91	305.33		
青磚（塊）	720	502	2,700	1,118		313,161	91,440		223,090	
柳枝（斤）	122,910	29,560	20,000	431,300	195,040	623,108	446,382	1,921,981	47,365	5,075
柳把（個）										
麻袋（個）	3,004				1,548				15,060	6,710
木樁（5尺至16尺）（根）	1,230	125	39	1,793	65	744	886	344		90
鉛絲 8至10號（捆）			15			35	1	149	13	2
鉛絲 11至14號（捆）	4	2	5	9	25	96	36	131	63	5
鉛絲 15至18號（捆）	29	7		15		27		12	20	
鉛絲繩 8至9號（條）										
鉛絲繩 10至14號（條）	206	164	85	160	64	175	353	55		
鉛絲繩 15至20號（條）	59		31	170	189	110	512	18		
鉛絲籠（個）										
麻（斤）										
鐵錨（個）										
雜料（斤）										
鉛絲片（個）										
鋼纜（條）										
河兵	626	62	151	888	90	2,580	1,070	920	1,668	404
長夫	132	171	288	306		2,091	1,034	45	1,353	685
卯夫	1,938	288	860	96	861	1,461	4,127	5,156	646	1,247
船夫	120	3	506	633	421	1,803	300	5,080		290
木匠	41	2	124	12	9	156	123	29		
鐵匠			37			·	11	4		

工振組第三區工程處堵塞決口土工統計表

表十五

地點	土方數（市方）	單價（元）	總價（元）	淡工數	備註
小龐莊	82,012.00	0.51—0.80	55,283.82	138,112	其土方總價内包括硪工及增加土價

工振組各區遷柩統計表

表十六

區別	坐落（縣屬）	數量（具）	備考
第一區	蘭封	17	每具津貼五元計發洋 85 元
第三區	長垣	56	每具津貼四元計發洋 221 元
總計		73	第二區未遷柩

表十七

工振組各區佔挖民地統計表

區別	坐落縣屬	面積（畝）佔	挖	合計	備註
第一區	蘭封	120.10	84.98	205.08	計發津貼地價洋 2,590.03 元
第二區	長垣	218.00	——	218.00	
第三區	長垣	223.02	797.72	1,020.74	
總計		591.12	882.70	1,473.82	

表十八

工振組及各區處事務費統計表

機關＼項目	開辦費	經常費	工程員司薪費	合計	備註
工振組	539.90	35,385.99	49,179.16	85,425.05	
駐汴辦事處	701.87	——	——	701.87	
第一區工程處	457.93	11,525.58	——	11,983.51	
第二區工程處	899.95	52,112.83	——	53,312.78	
第三區工程處	392.53	6,827.49	——	7,220.02	
總計	3,015.18	106,151.89	49,179.16	158,646.23	組及各區處之經常費一項包括組區處之薪勤旅費及一切雜支

工振組及各區處工程費統計表

表十九

機關＼項目	堵口	修堤	工料運輸	排水工程	防汛修埽費	儀器機械	工賑	其他	合計
工振組	83,196.17	——	19,195.93	2,000.00	(修埽) 17,262.11	1,388.25	6,528.78	8,783.86	171,655.10
駐濟辦事處	8,108.87	——	3,762.31	——	——	1,521.00	——	28.22	13,721.43
駐汴辦事處	15,085.92	——	12,981.30	——	——	——	——	15,341.22	73,111.11
第一區工程處	797.70	88,518.01	179.50	——	——	——	——	612.40	90,137.61
第二區工程處	532,512.45	87,911.49	39,841.42	22,339.26	(防汛) 15,511.85	1,771.67	2,469.98	48,211.22	750,605.31
第三區工程處	55,507.82	——	——	——	——	——	——	——	55,507.82
總計	695,808.93	176,46250	106,263.19	24,339.26	62,776.96	7,683.92	8,998.76	73,006.92	1,155,310.74
備註	組與各辦事處之工程費大半係代二區購運工料所用為表明用款機關起見仍列於組及各辦事處之下								

衛生組各醫隊工作統計表 ([illegible])

表二十

種類	山東各醫療防疫隊												巡迴醫隊		合計
	濟寧	鄆[illegible]	[illegible]	[illegible]	[illegible]	[illegible]	[illegible]	[illegible]	[illegible]	[illegible]	[illegible]	[illegible]	[illegible]	[illegible]	
診療人數	5088	17155	27935	16637	7700	21318	22168	15121	15229	28359	21975	1064	1877	1895	207151
轉送醫院	1	——	——	——	23	—			258	—	9	625	—	—	916
接種牛痘	293	113	1110	1312	553	995	121	3171	1932	357	1186	—	120	1112	12141
傳染病處置															
隔離人數	——	——			133				25		65		—	—	223
消毒例數				15	3		2		11		10			—	71
環境衛生															
視察次數	12	12	16	52	66	8	39	65	57	9	153	——	6	5	530
改良次數	14	8	23	52	19	4	31	30	25	5	118	——	1	4	337
衛生演講															
演講次數	16		12	49	13	8	43	61	59	12	211		32	8	527
聽講人數	567	—	6019	15599	2003	3006	9830	23765	8127	2400	12297		1650	455	85582

表二十一

衛生組各醫隊診療疾病人數分類統計表

（民國二十二年十月至二十三年四月）

病別	山東各醫隊					冀豫各醫隊							巡迴醫隊		統計
	濟寧	鄆城	范縣	菏澤	濟南	長垣	東明	濮陽	滑縣	考城	温縣	冀豫辦事處	第一隊	第二隊	
急性傳染病															
天花	—	—	2	1	2	5	—	—	—	1	—	—	—	—	11
麻疹	—	—	63	10	391	10	1	39	110	1	1	—	—	1	627
百日咳	1	4	71	-3	5	47	—	—	19	3	—	—	—	—	153
白喉	—	3	8	1	1	2	—	1	1	2	12	—	—	—	31
猩紅熱	—	—	—	2	—	5	—	—	1	—	—	—	—	—	8
腦膜炎	—	—	—	—	3	1	—	—	—	—	—	—	—	—	4
傷寒	—	—	31	2	—	33	3	2	11	—	1	—	—	—	86
霍亂	—	2	—	—	—	43	—	—	—	8	—	—	—	—	53
赤痢	69	102	529	177	70	591	1447	518	850	756	635	61	—	29	5834
班疹傷寒	—	—	—	—	—	42	—	—	—	—	—	—	—	—	42
瘧疾	336	462	576	157	251	802	1608	1045	842	856	751	30	—	—	7716
其他	3	1	683	2	44	38	1279	8	3	713	117	63	—	22	2976
內科疾病															
急性胃腸炎	53	198	3707	1093	167	541	963	291	71	935	4217	55	—	4	12298
肺癆	64	56	177	185	199	147	710	232	608	357	128	6	86	34	2989
其他	1491	7597	3246	4844	1040	4716	2198	4867	3687	3736	4091	74	1388	476	43154
外科疾病															
外傷	675	519	2382	1079	37	1454	1515	306	302	2177	708	28	740	21	11943
其他	527	1208	3386	2635	1637	5008	1517	1727	3204	7157	1926	82	737	214	30965
皮膚病															
疥瘡	32	467	1029	370	108	757	2257	580	512	1182	2311	118	228	140	10091
其他	789	3566	1779	1658	521	2157	1924	2016	990	2943	2512	90	478	226	21619
花柳病															
梅毒	10	42	76	30	16	53	31	52	15	131	157	—	—	35	651
淋病	7	28	71	13	—	133	20	91	23	180	146	—	—	38	750
軟疳	1	—	62	—	—	17	—	17	4	5	18	—	—	3	127
眼科疾病															
砂眼	452	761	2503	2128	539	1966	2806	1742	2608	2131	1816	329	498	202	20811
其他	451	1154	1089	1352	466	1789	2521	722	591	2186	516	74	498	287	13999
耳鼻咽喉病	126	1151	1570	888	400	736	1037	410	491	1900	456	12	224	99	9504
其他	1	130	1895	7	1803	255	328	758	277	399	1423	42	—	64	10382
統計	5088	17155	27935	16637	7700	21348	22168	15124	15229	28359	21975	1064	4877	1895	207154

表二十二

衛生組各醫隊診療疾病人數按月統計表

時期	山東各醫隊					冀豫各醫隊							巡迴醫隊		統計
	濟寧	鄆城	范縣	菏澤	濟南	長垣	東明	濮陽	滑縣	考城	溫縣	冀豫辦事處	第一隊	第二隊	
二十二年															
十月份	2229	990	2903	—	—	1093	2821	2511	1178	1470	564	—	—	—	15759
十一月份	1632	4609	4995	897	807	4041	8221	3503	2319	5963	5051	—	—	—	42011
十二月份	1227	5810	10118	3438	1880	3173	5968	3575	3301	8185	5567	38	—	—	52580
二十三年															
一月份	—	3775	2793	3681	1381	5769	2649	2369	2890	8108	7750	114	—	—	41579
二月份	—	2271	2068	1983	1085	3283	2506	1431	3105	4033	3043	386	—	—	25194
三月份	—	—	5058	5376	2517	3989	—	2035	2136	—	—	526	—	—	21967
四月份	—	—	—	1262	—	—	—	—	—	—	—	—	1877	1895	8034
統計	5088	17455	27935	16637	7700	21318	22168	15424	15229	28359	21975	1064	1877	1895	207154

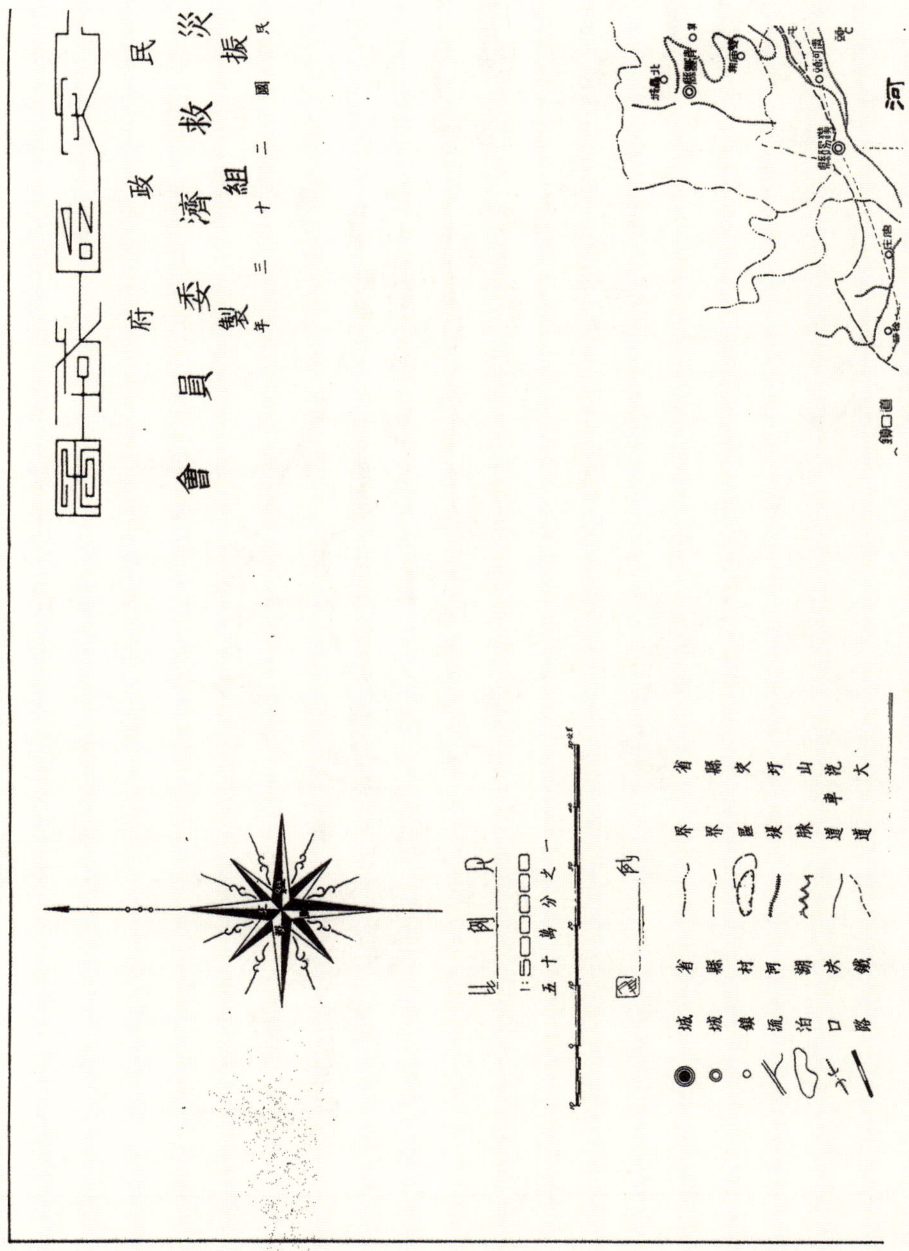
民政府
災救濟委員會
振組製
民國二十三年
1:500000
圖例

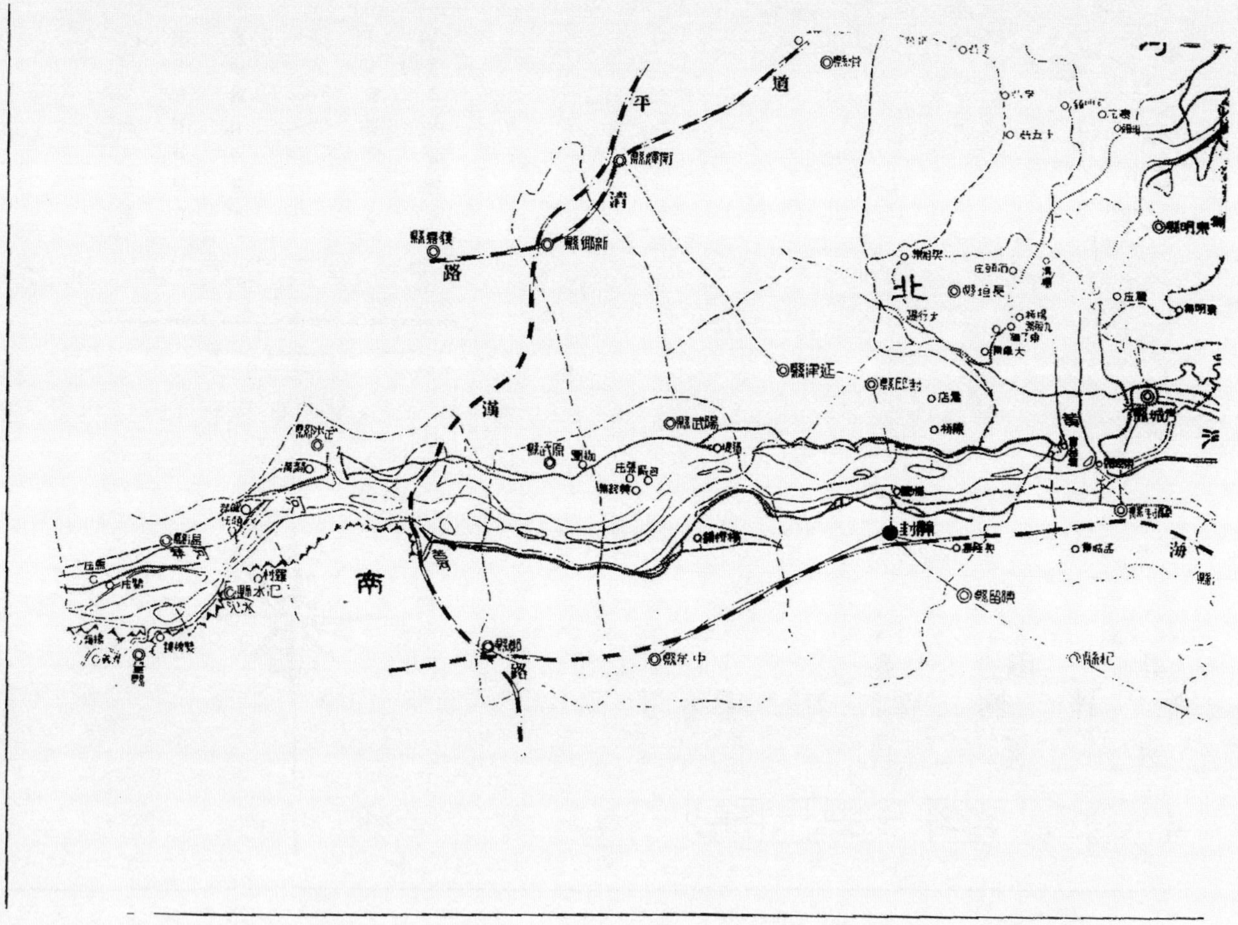
平
漢
路
道
清
北
南
黄
河
新鄉縣
獲嘉縣
陽武縣
原武縣
延津縣
封邱縣
長垣縣
東明縣
鄭縣
中牟縣
汜水縣
開封
杞縣

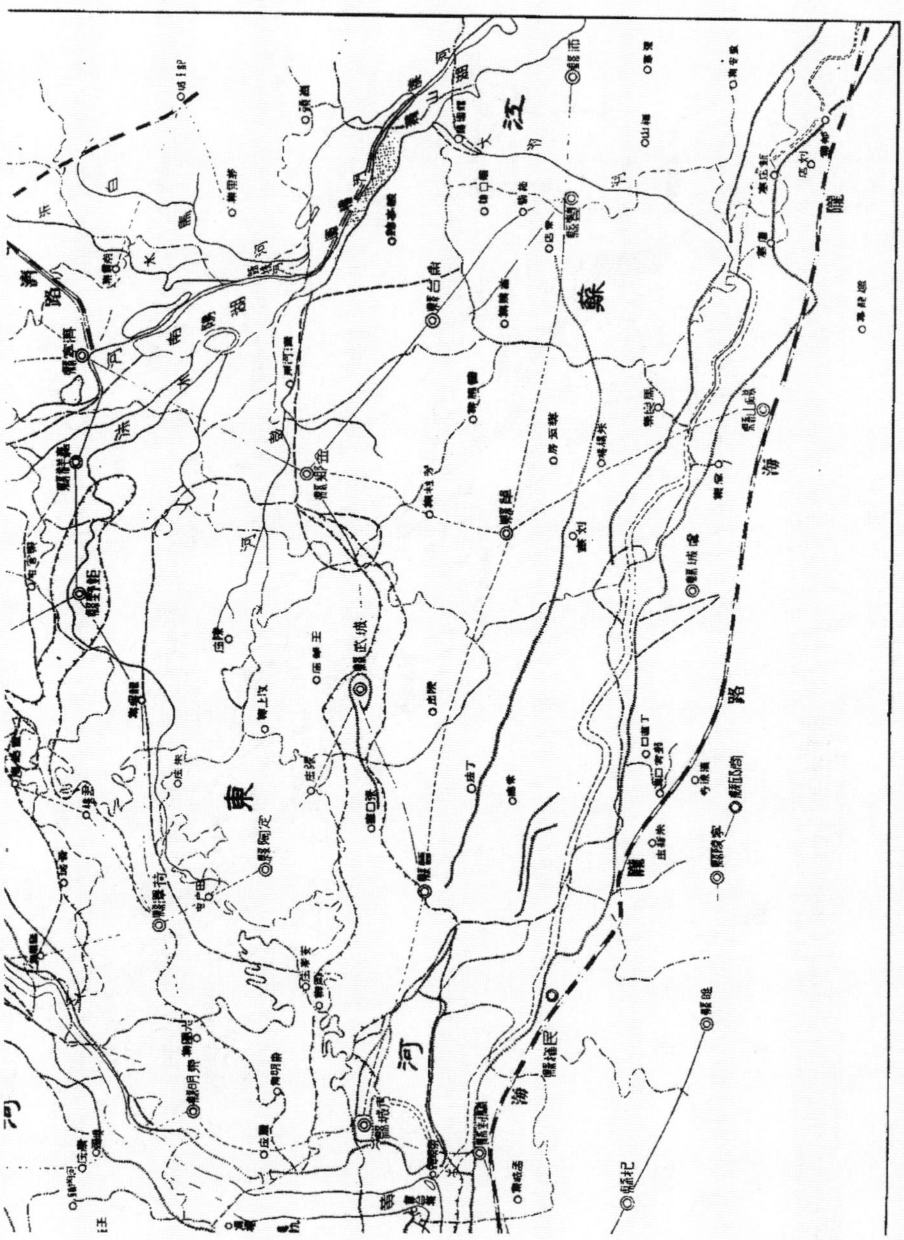

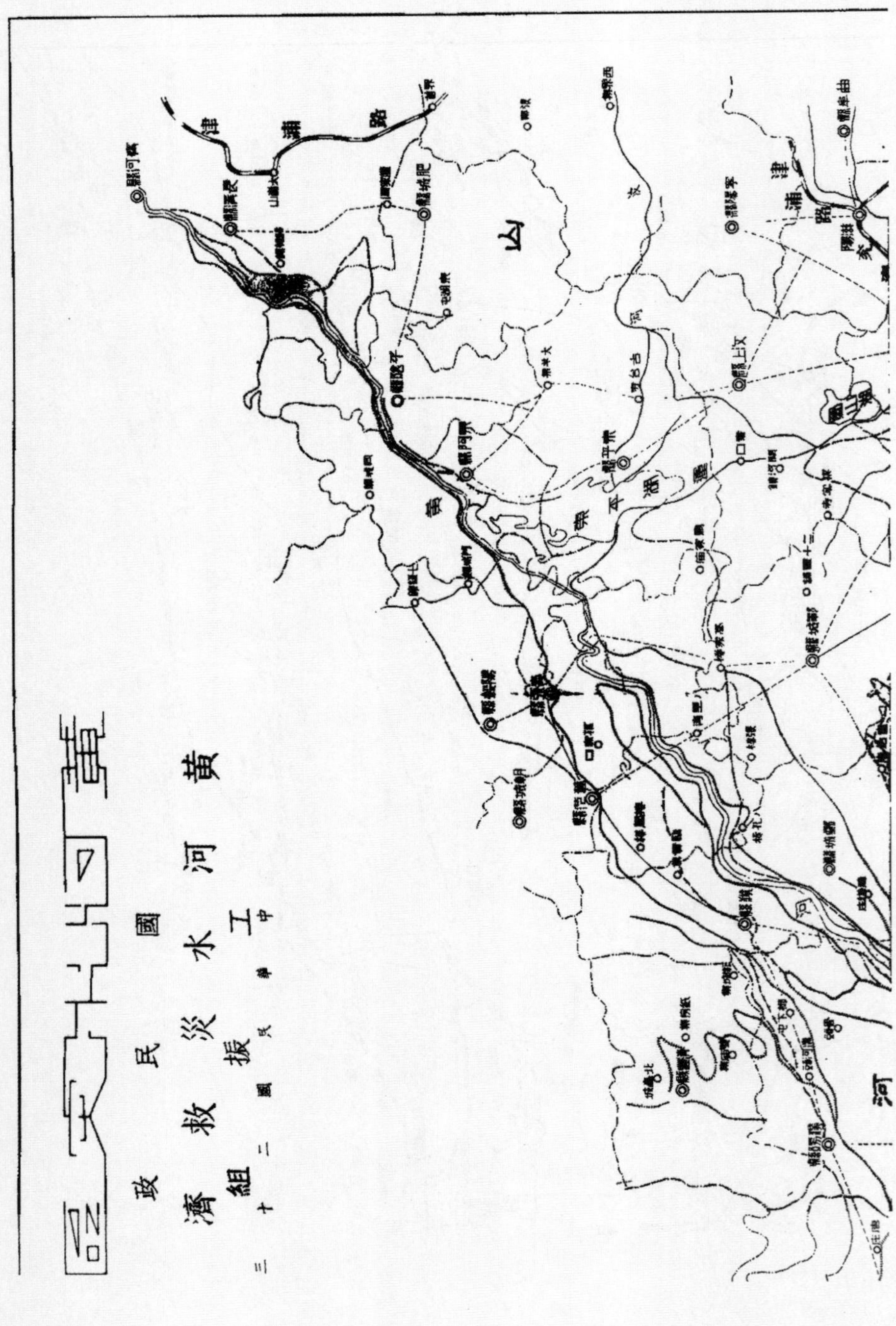

國民政
黃河水災救濟
工振組
中華民國二十三

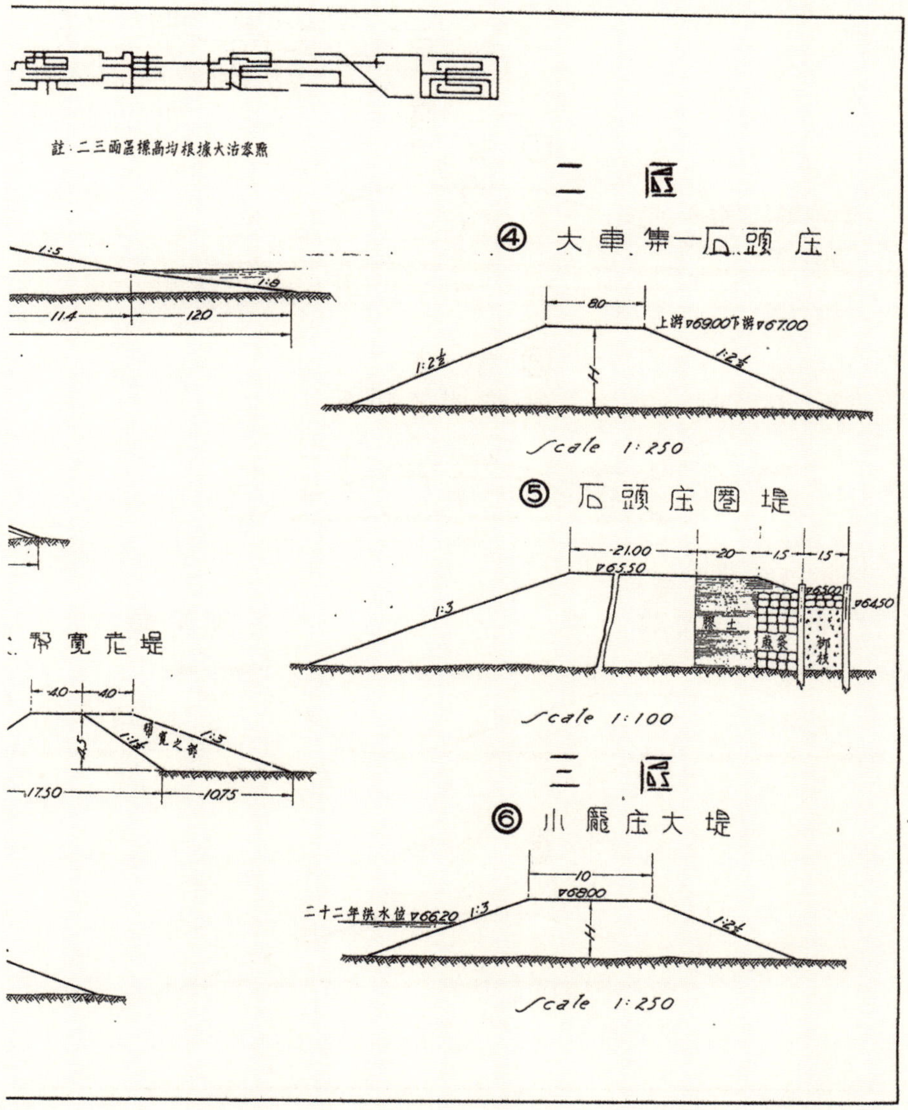
註:二三兩區標高均根據大沽零點
二 區
④ 大車集—石頭庄
Scale 1:250
⑤ 石頭庄圈堤
Scale 1:100
三 區
⑥ 小龐庄大堤
二十二年洪水位▽66.20
Scale 1:250

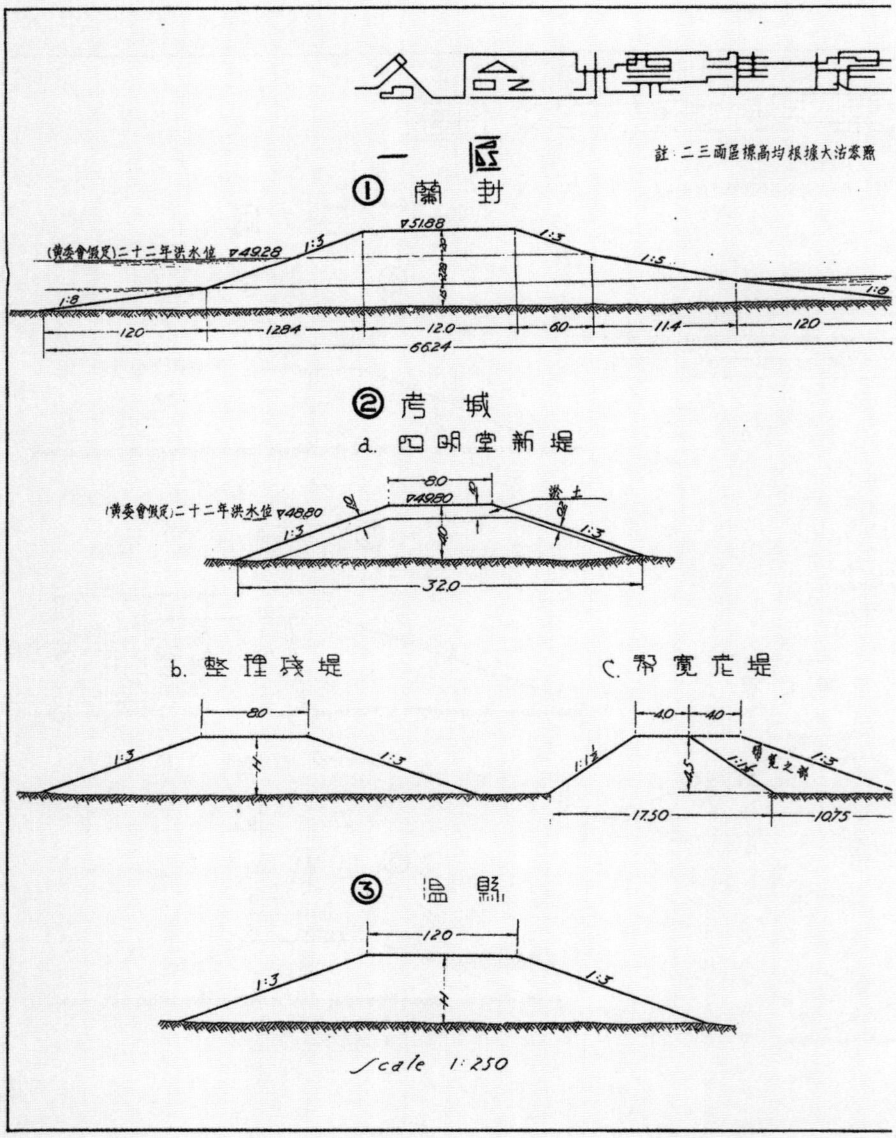
各區標準堤
一區
註：二三兩區標高均根據大沽零點
① 蘭封
(黄委會假定)二十二年洪水位 ▽49.28
▽51.88
1:3
1:5
1:8
12.0
12.84
6.0
11.4
66.24
② 考城
a. 四明堂新堤
(黄委會假定)二十二年洪水位 ▽48.80
▽49.80
8.0
淤土
32.0
b. 整理殘堤
c. 幫寬舊堤
4.0
幫寬之部
17.50
10.75
③ 温縣
12.0
Scale 1:250

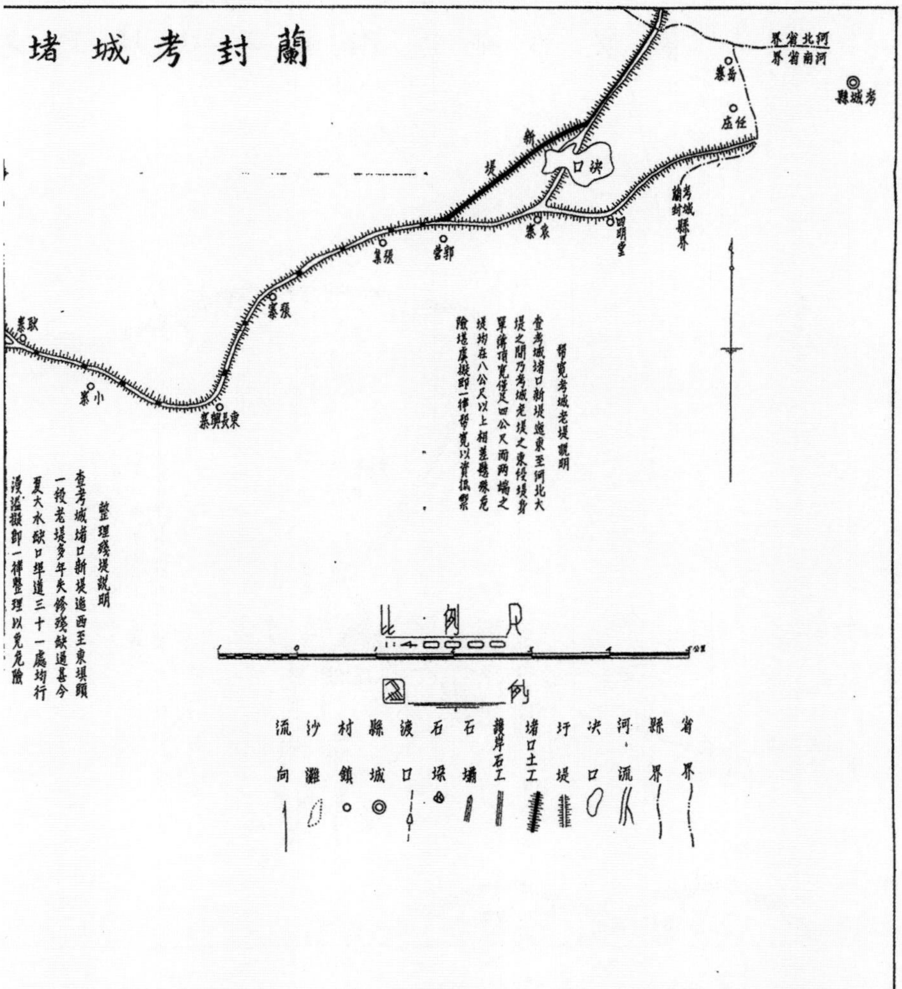
蘭封考城堵
河北省界
河南省界
考城縣
決口
新堤
整理殘堤說明
查考城堵口新堤迤西至東壩頭一段老堤多年失修殘缺過甚今夏大水缺口埠遣三十一處均行漫溢擬即一律整理以免危險
帮寬考城老堤說明
查考城堵口新堤迤東至河北大堤之間乃考城老堤之東段堤身單薄頂寬僅及四公尺而兩端之堤均在八公尺以上相差懸殊危險堪虞擬即一律帮寬以資抵禦
比例尺
圖例
省界
縣界
河流
決口
圩堤
堵口土工
護岸石工
渡口
縣城
村鎮
沙灘
流向

考城堵口工程附近地形略圖

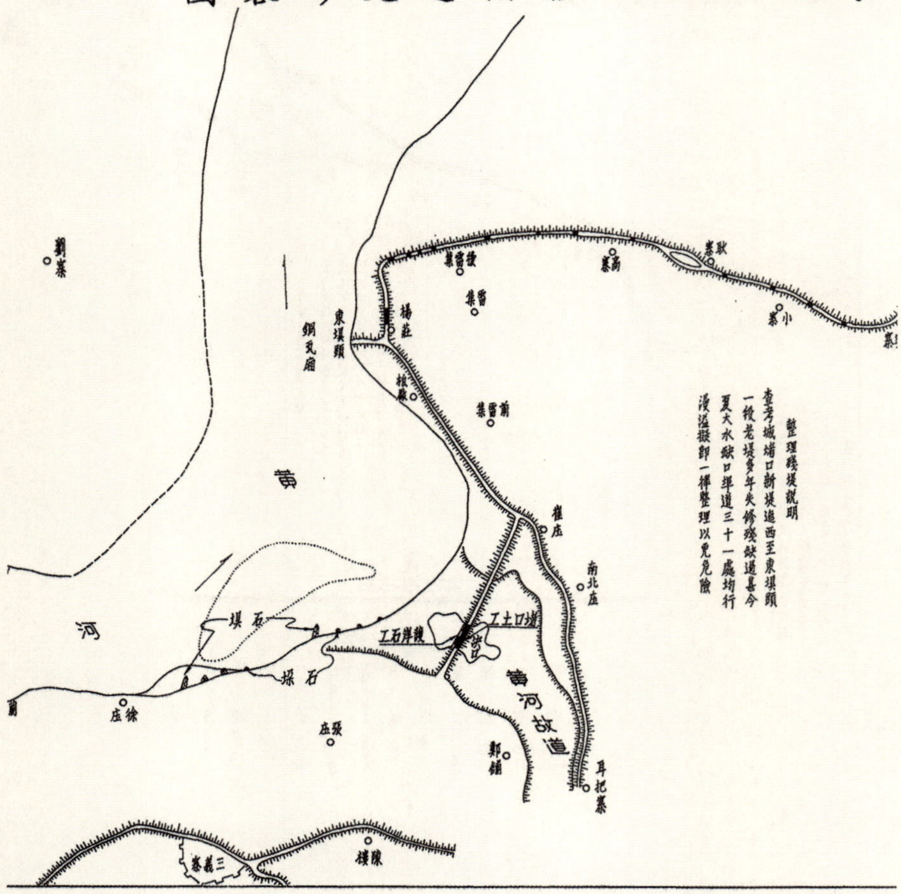

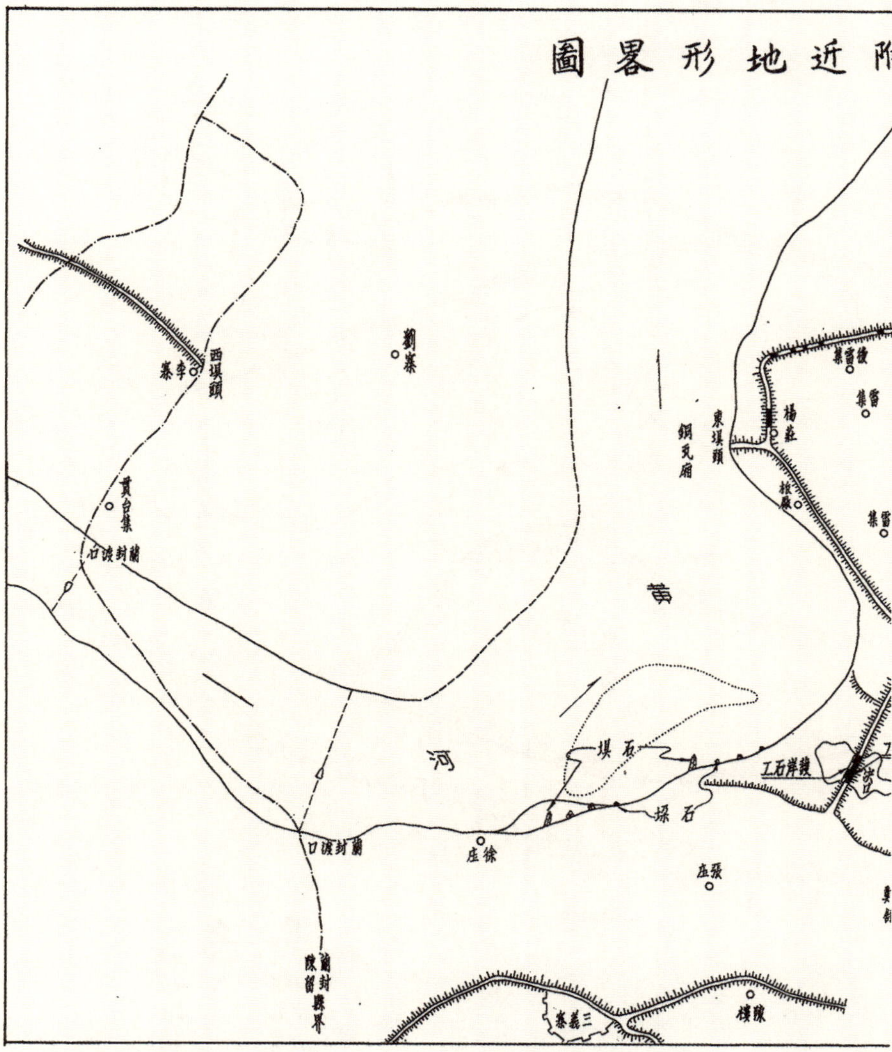
附近地形畧圖
李寨
西壩頭
劉寨
東壩頭
銅瓦廂
楊莊
黃台集
蘭封渡口
黃
河
石壩
石垛
徐庄
張庄
三義寨
陳樓

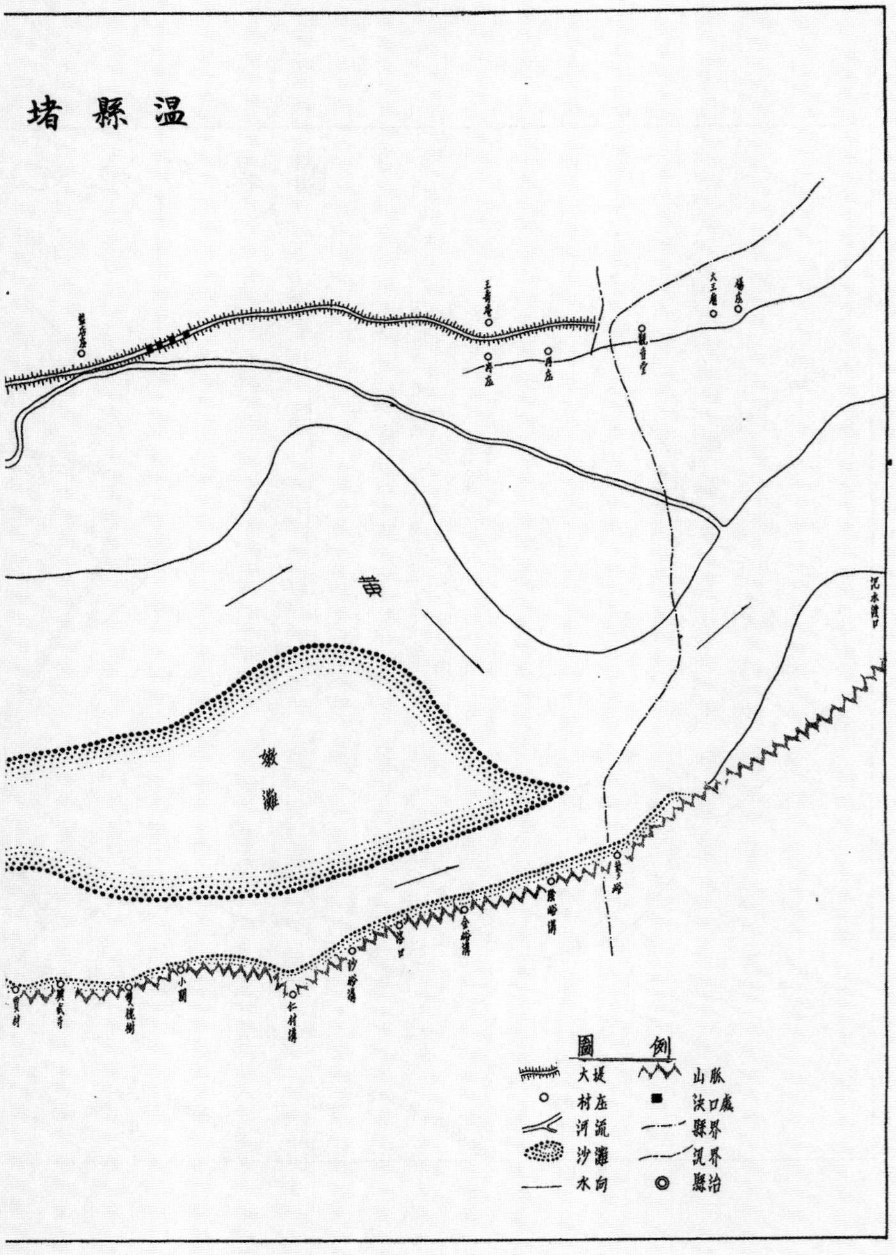
温縣堵
黃
嫩灘
觀音堂
大王廟
沁水渡口
小關
仁村溝
沙峪溝
金峪溝
圖例
大堤
山脈
村庄
決口處
河流
縣界
沙灘
汛界
水向
縣治

温縣堵口工程附近地形畧圖

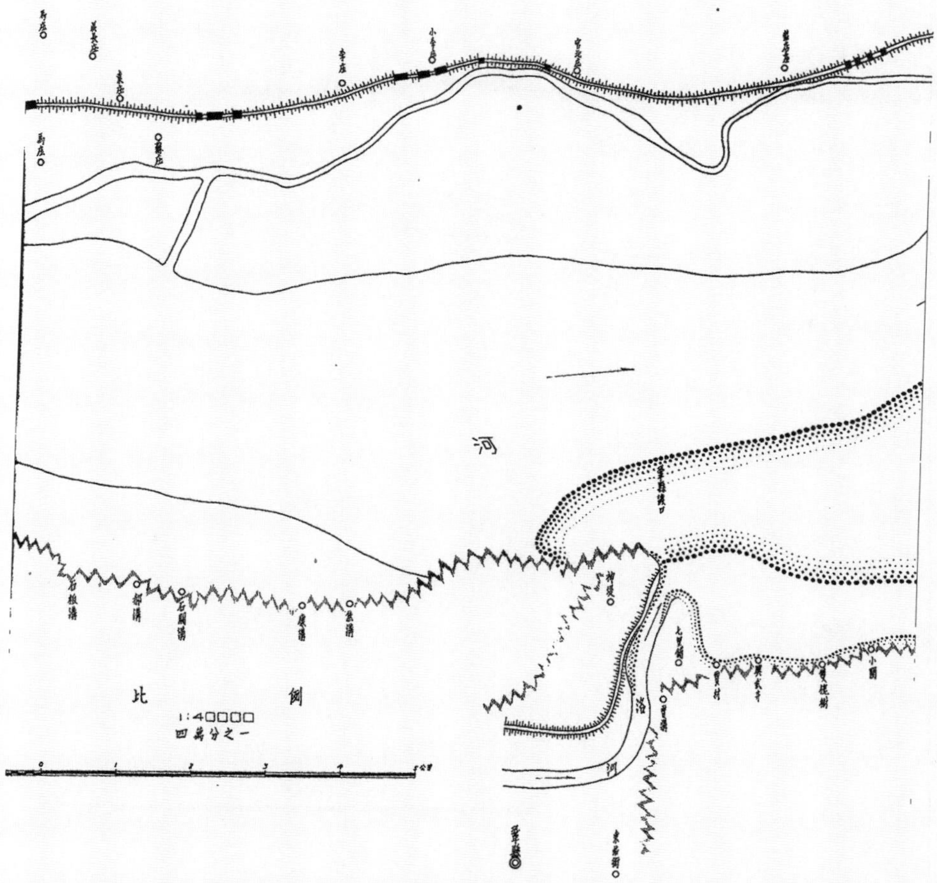

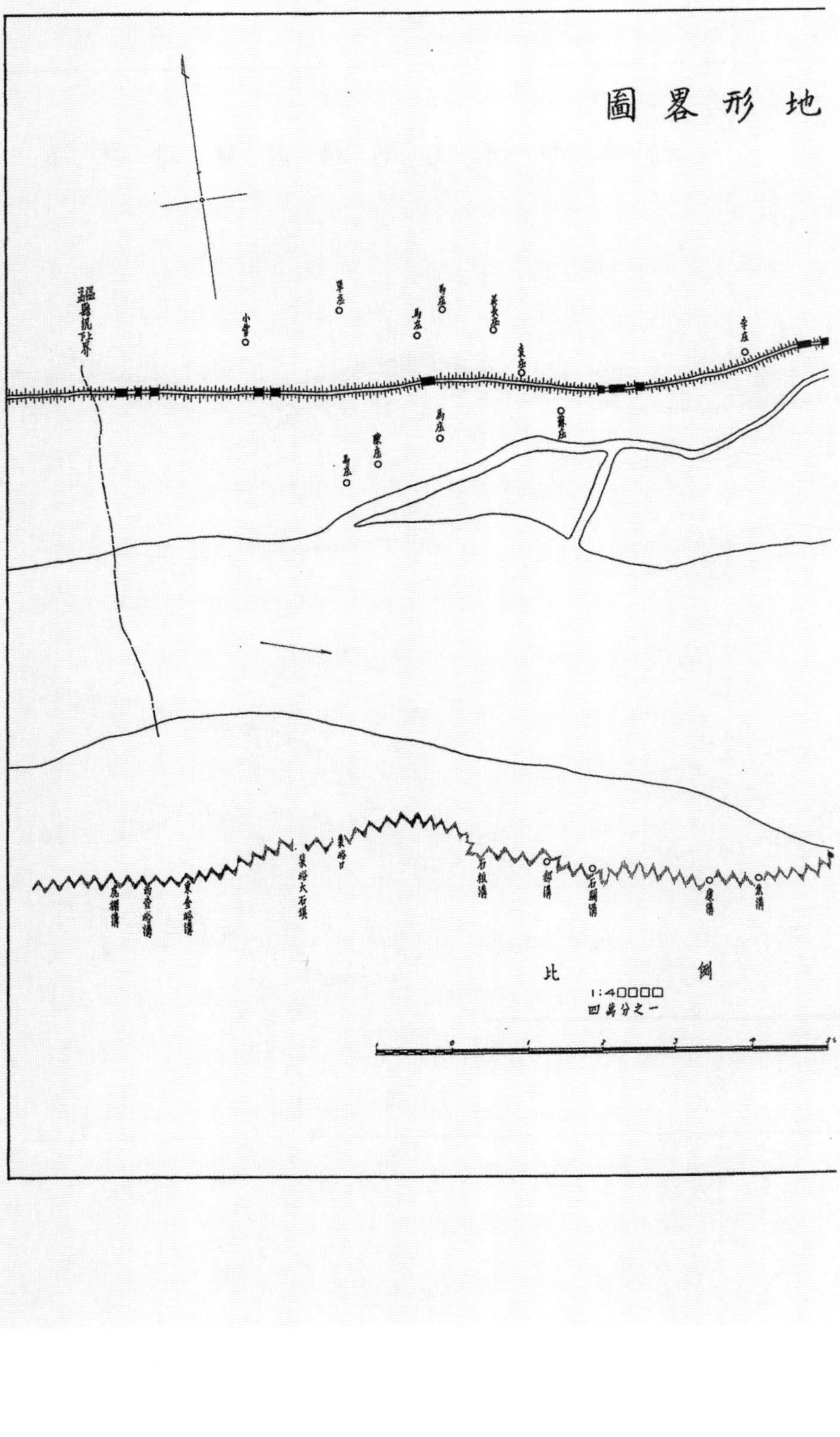
地形畧圖
比例
1:40000
四萬分之一

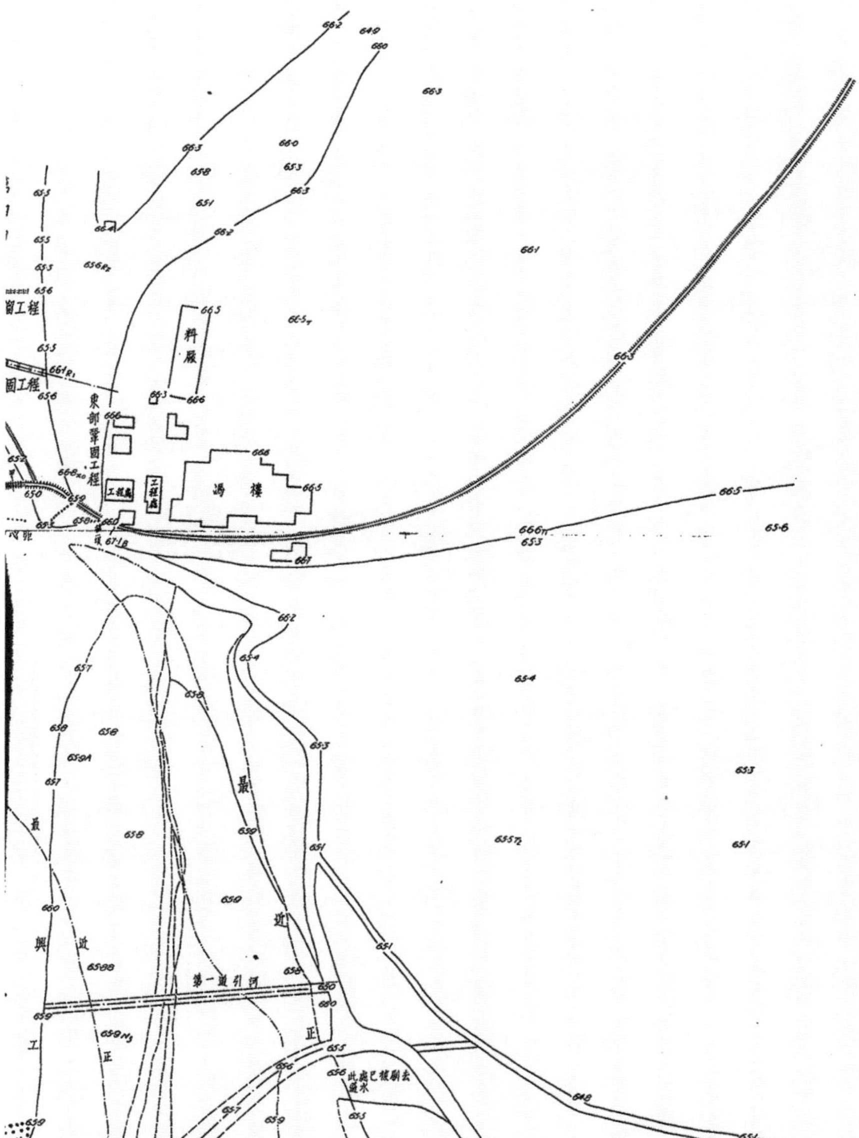

河北省長垣縣黃河堵口工程平面圖

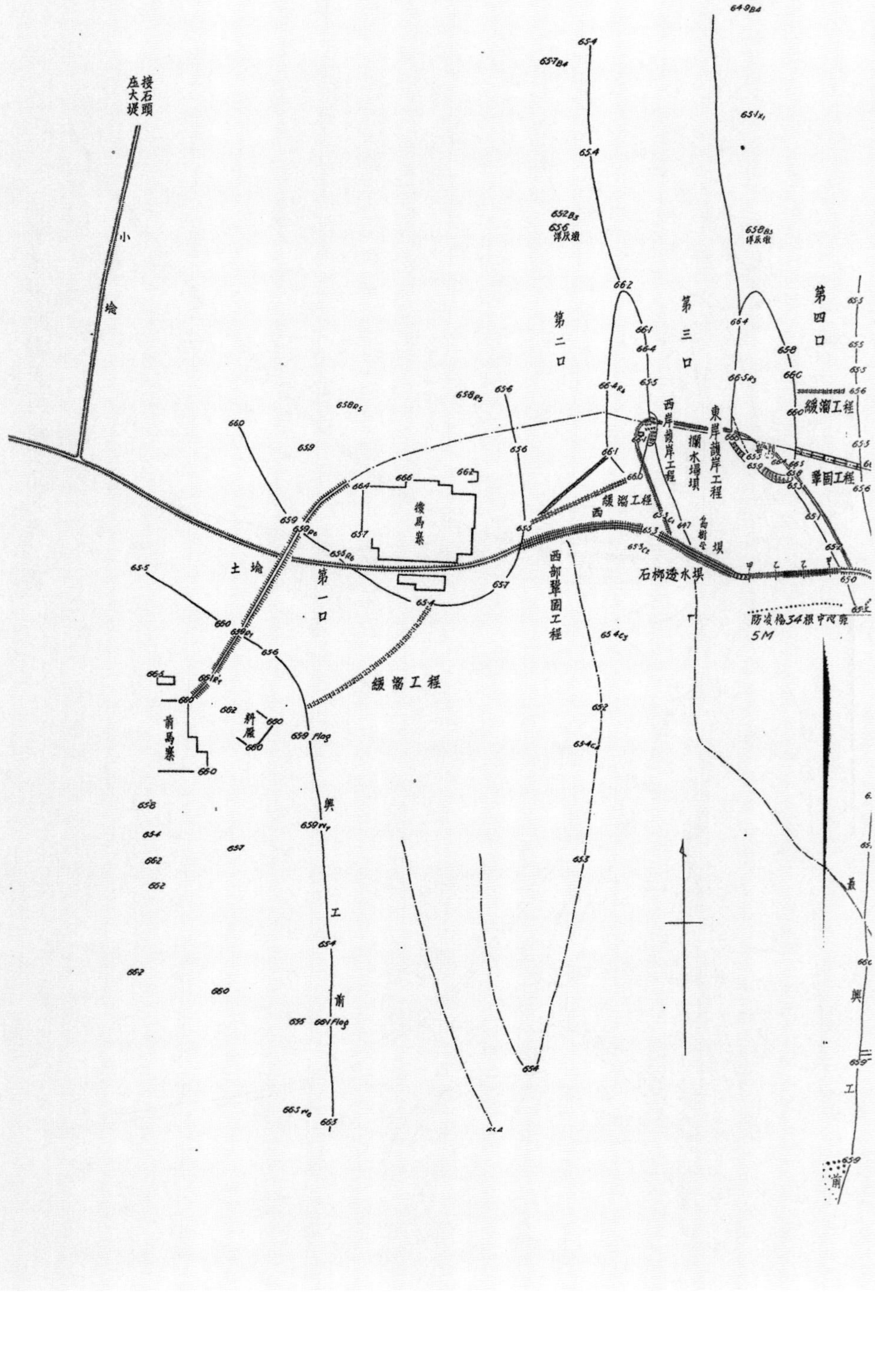

接石頭
庄大堤
小
埝
土埝
第一口
第二口
第三口
第四口
後馬寨
前馬寨
緩溜工程
西岸護岸工程
東岸護岸工程
攔水埽壩
鞏固工程
西部鞏固工程
5M

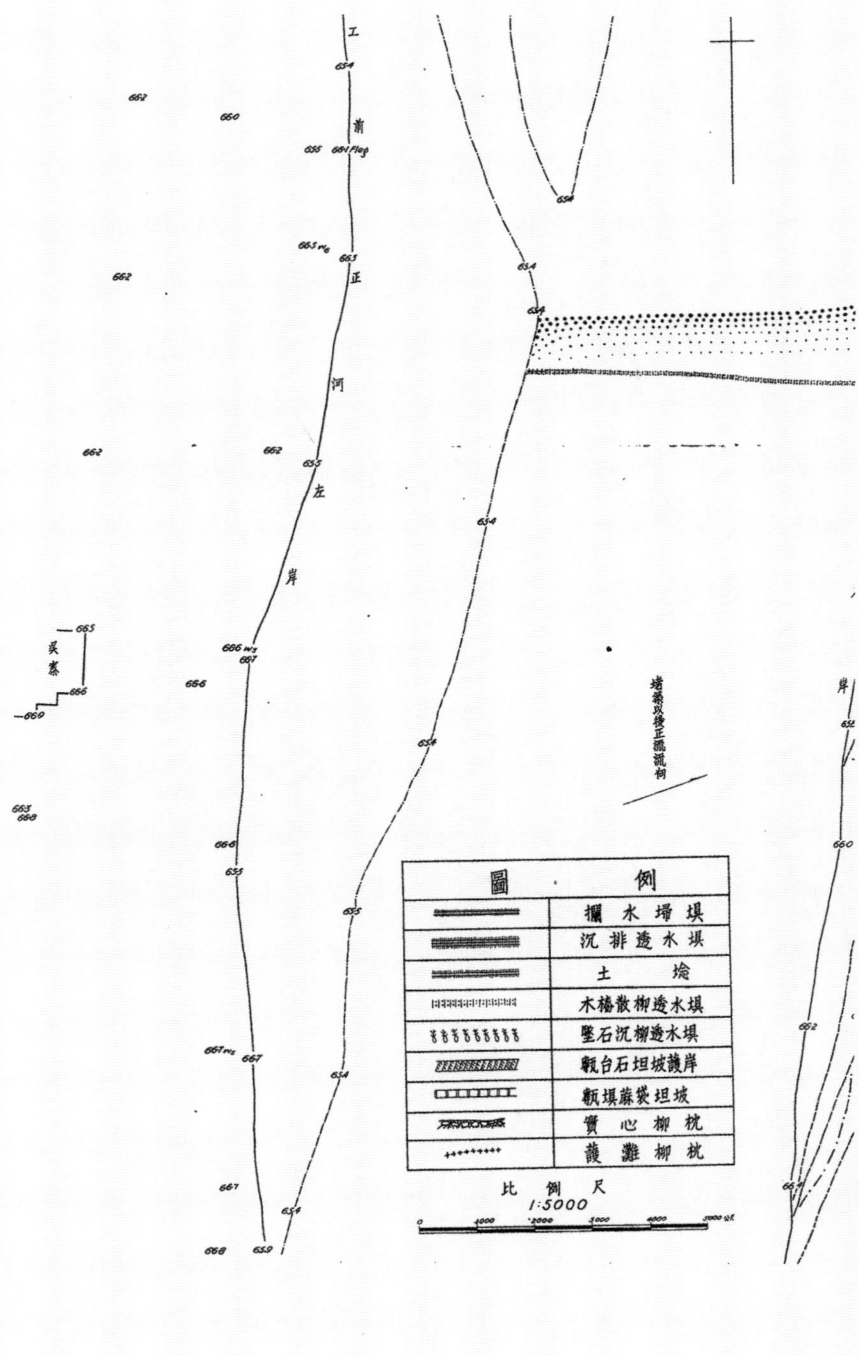
正
河
左
岸
圖例
攔水壩埧
沉排透水埧
土埝
木樁散柳透水埧
壓石沉柳透水埧
甎台石坦坡護岸
甎埧蔴袋坦坡
實心柳枕
護灘柳枕
比例尺
1:5000

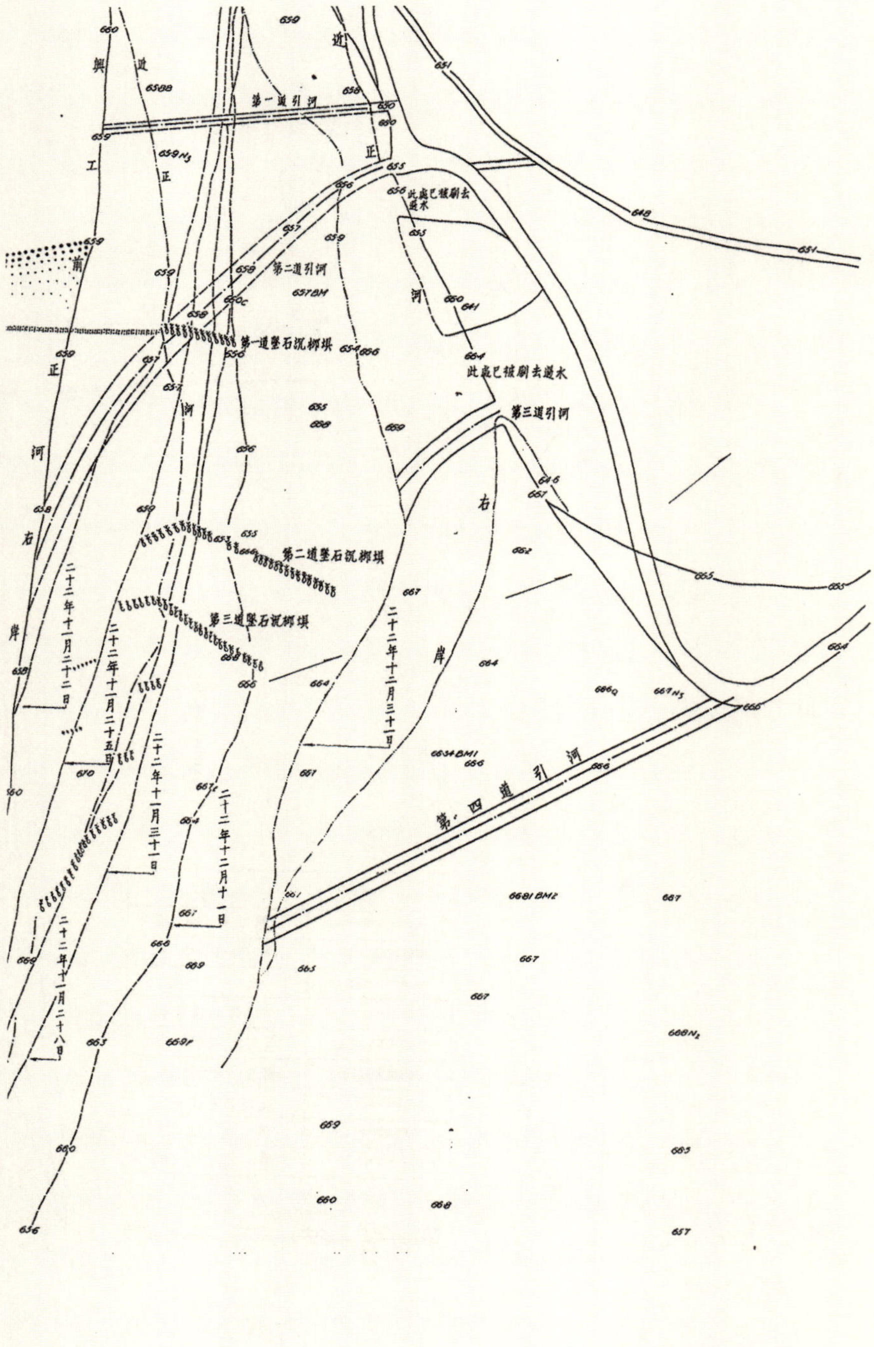
第一道引河
第二道引河
第三道引河
第四道引河
第一道壓石沉梆埧
第二道壓石沉梆埧
第三道壓石沉梆埧
此處已被刷去幾水
正河
右岸
二十二年十一月二十二日
二十二年十一月二十五日
二十二年十一月三十一日
二十二年十二月十一日
二十二年十二月三十一日
二十二年十一月二十八日

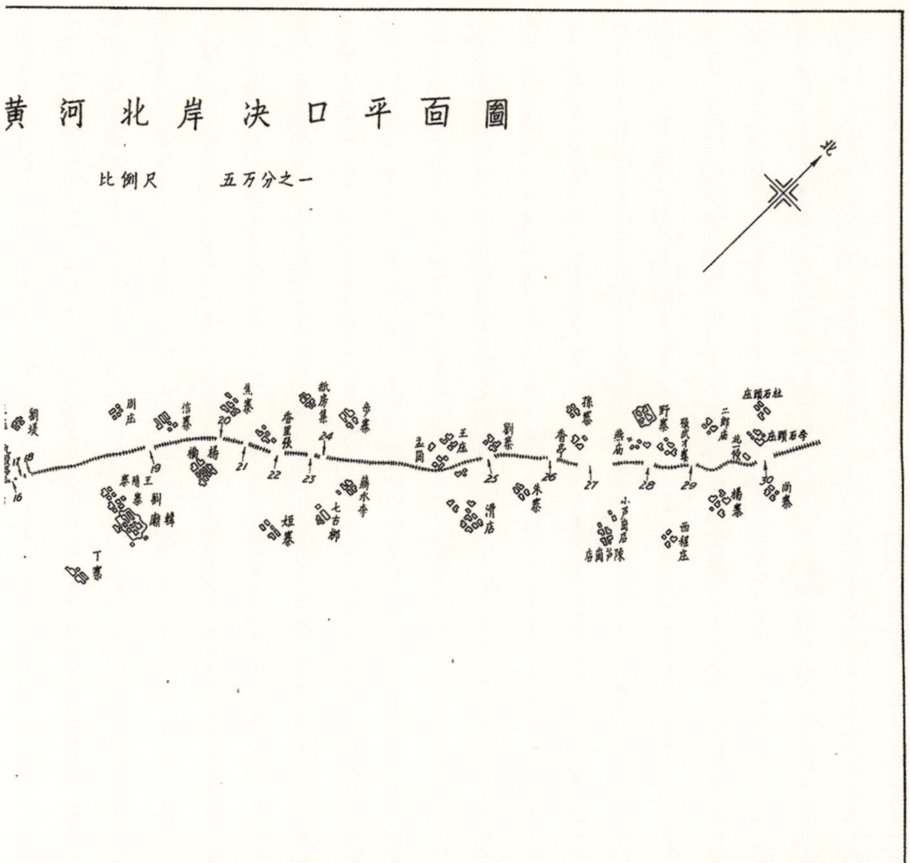

黃河北岸決口平面圖

比例尺　五万分之一

石車段黃河北岸

比例尺

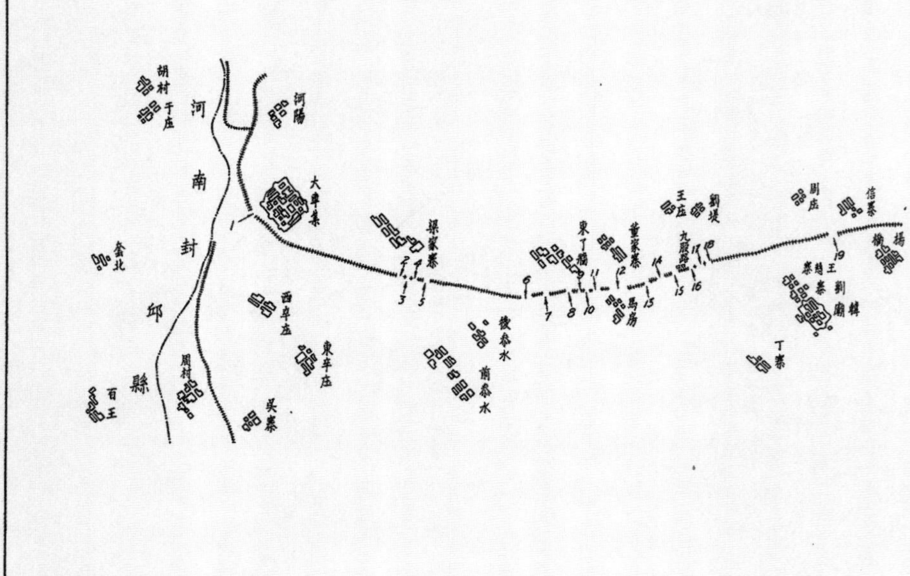
河南封邱縣
大車集
河陽
胡村
于庄
梁家寨
東丁陽
董家寨
王庄
劉堤
九股路
馬房
西辛庄
東辛庄
周村
吳寨
後爭水
南爭水
劉庄
信寨
楊
丁寨
劉
王
韓
百王

河北省長垣縣黃河南岸堵築小圖

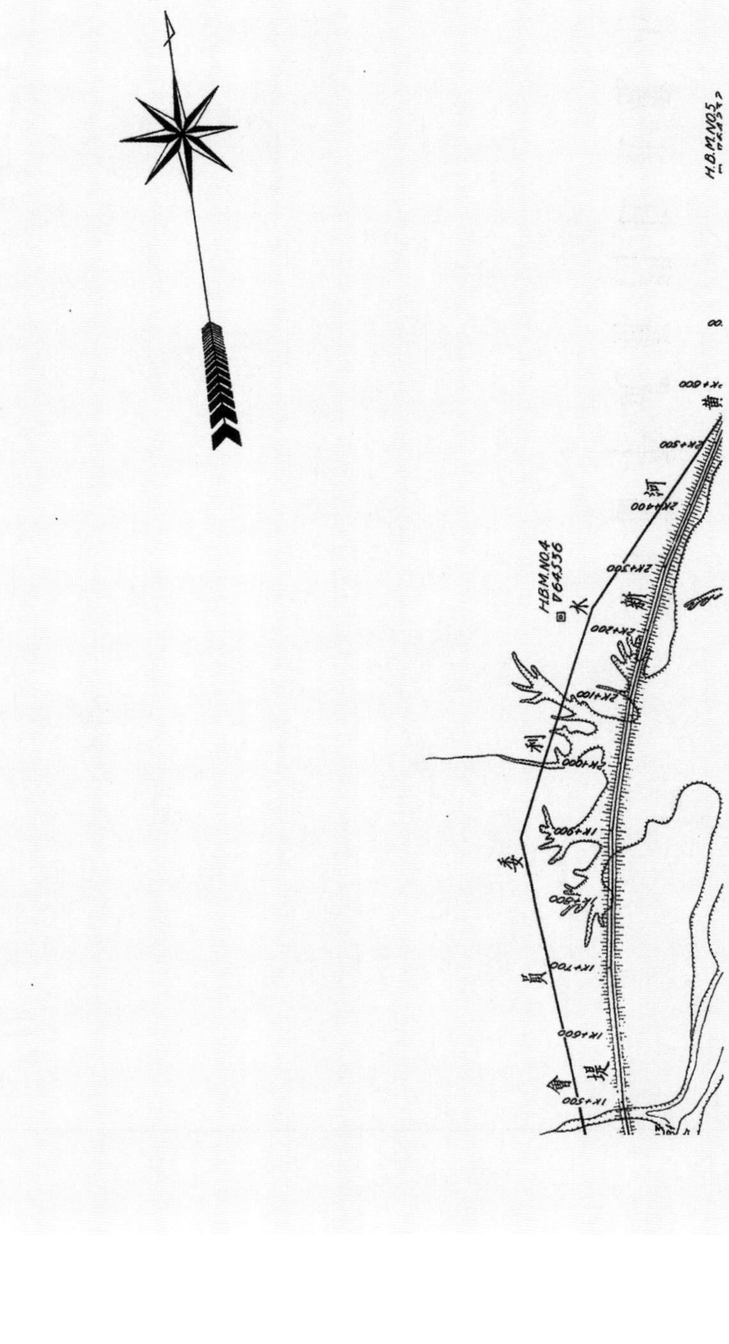

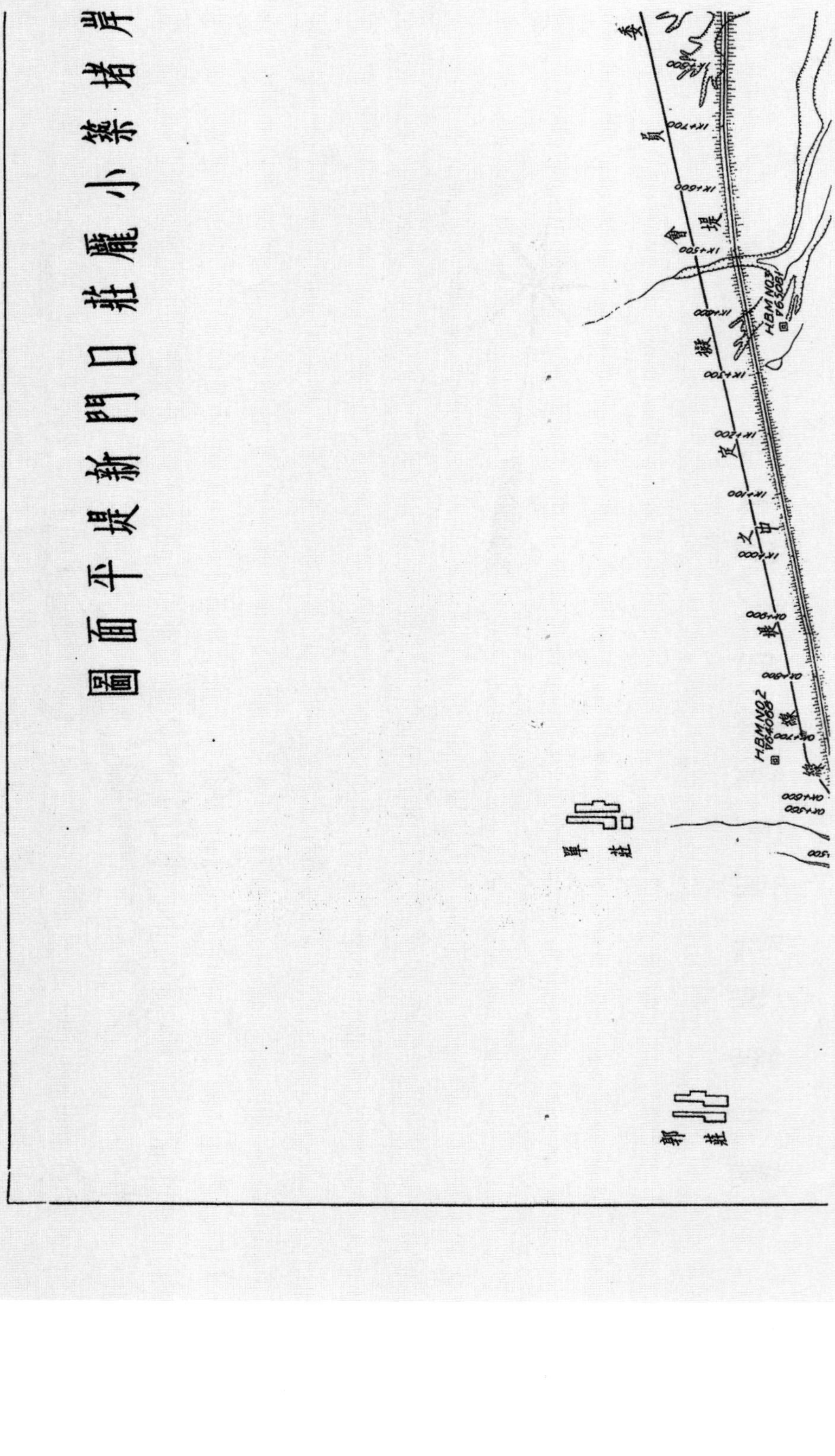
岸堵築小龐莊口門新堤平面圖

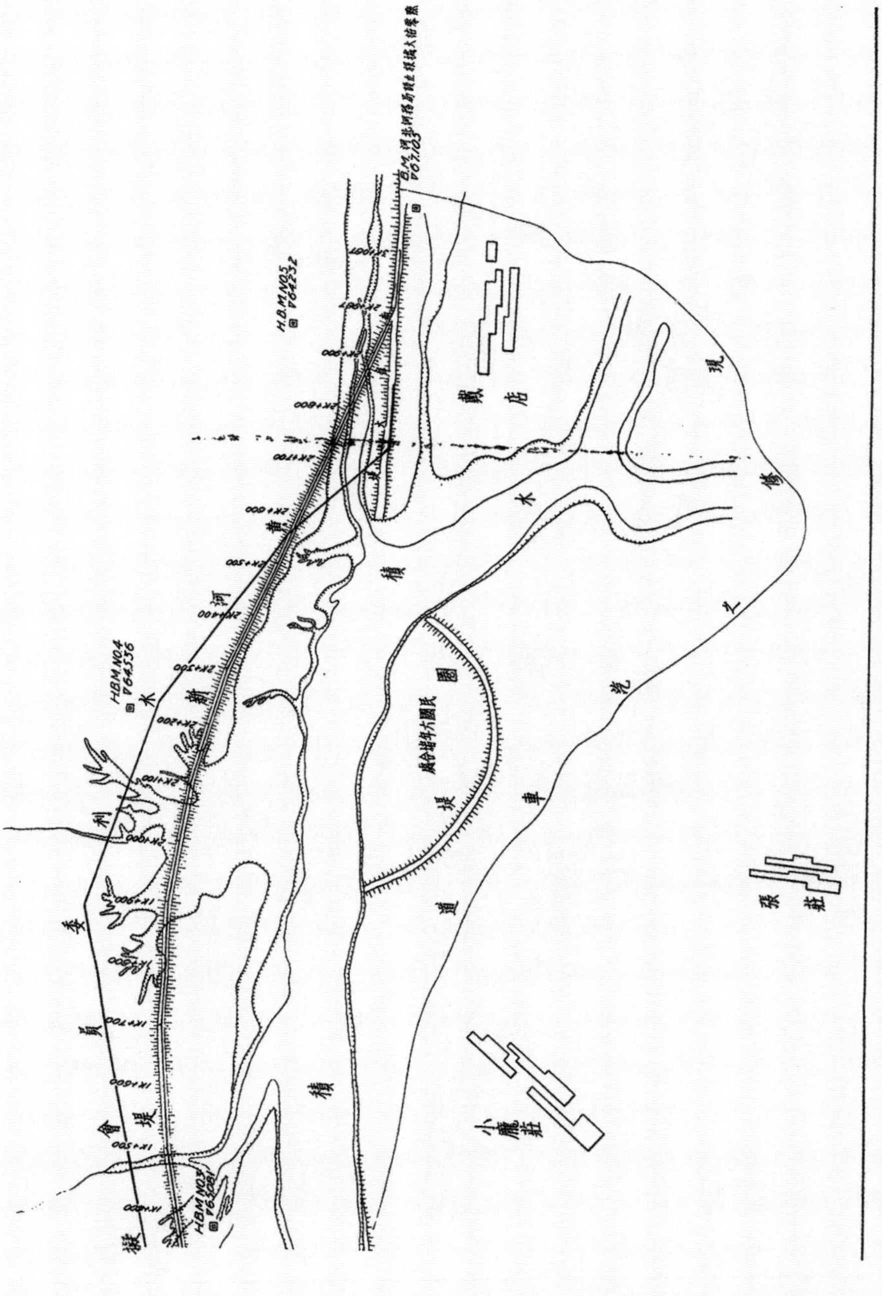

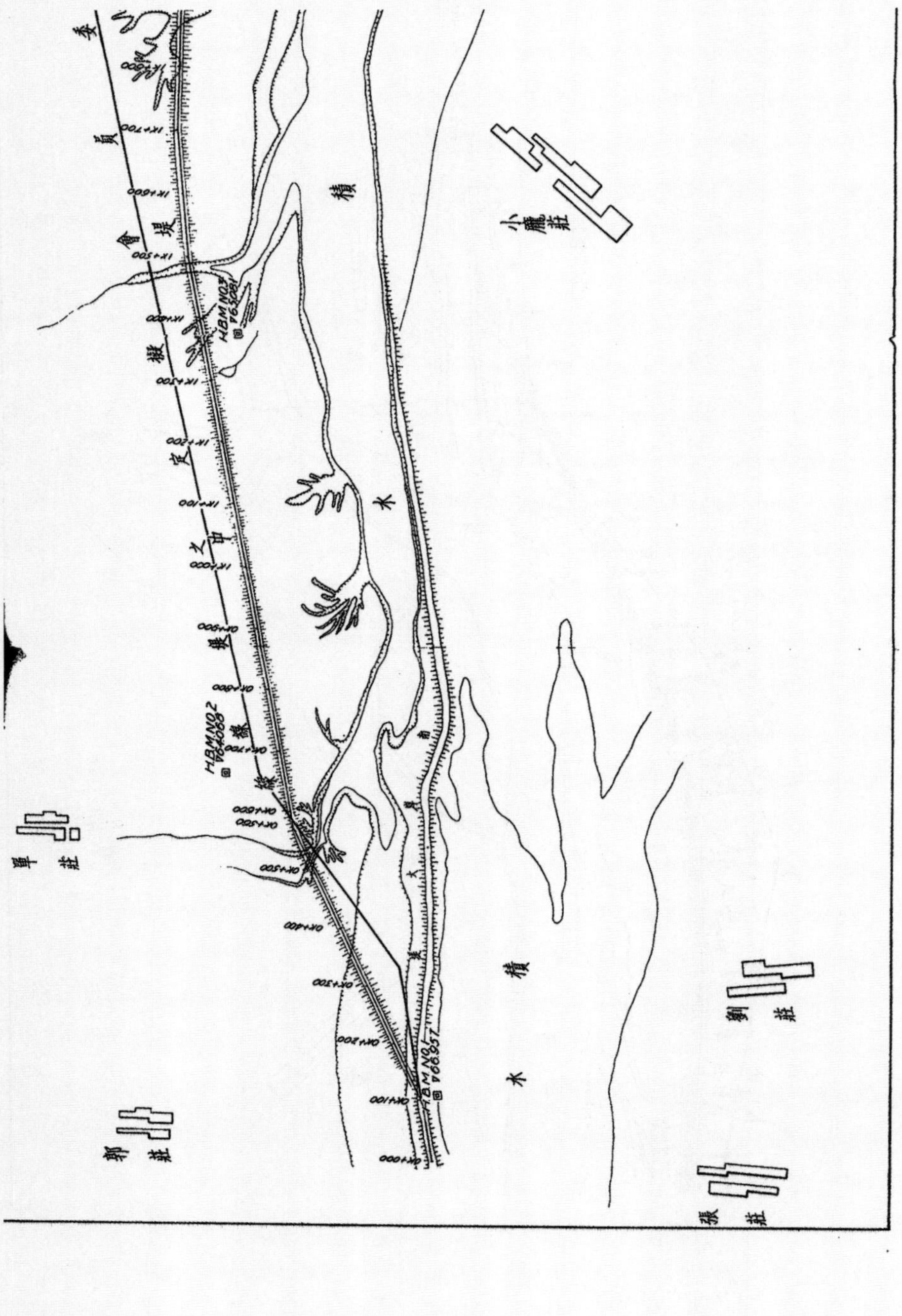
單莊
郭莊
劉莊
張莊
小龐莊
HBM NO.1
HBM NO.2
HBM NO.3

南岸埽箭小龐庄口門新堤縱斷面圖

縱 1:100
橫 1:4000

年最高洪水位因上游決口關係較真正洪水位
新堤頂高度高於測出之洪水位為一・八公尺

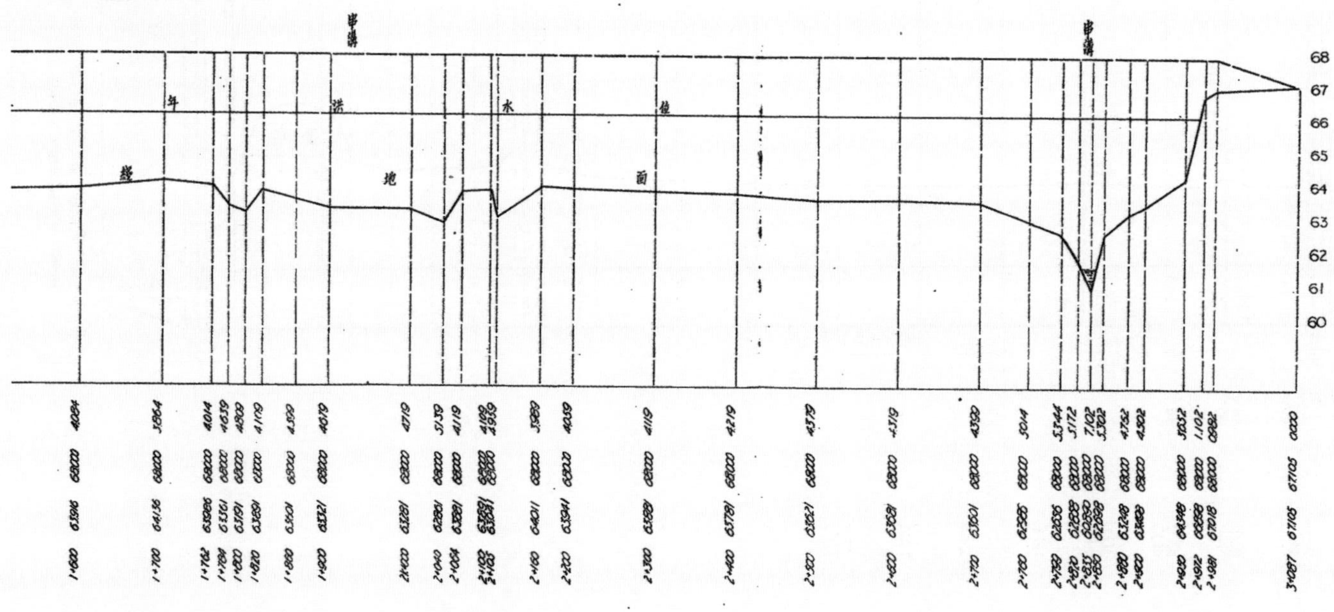

河北省長垣縣黃河南

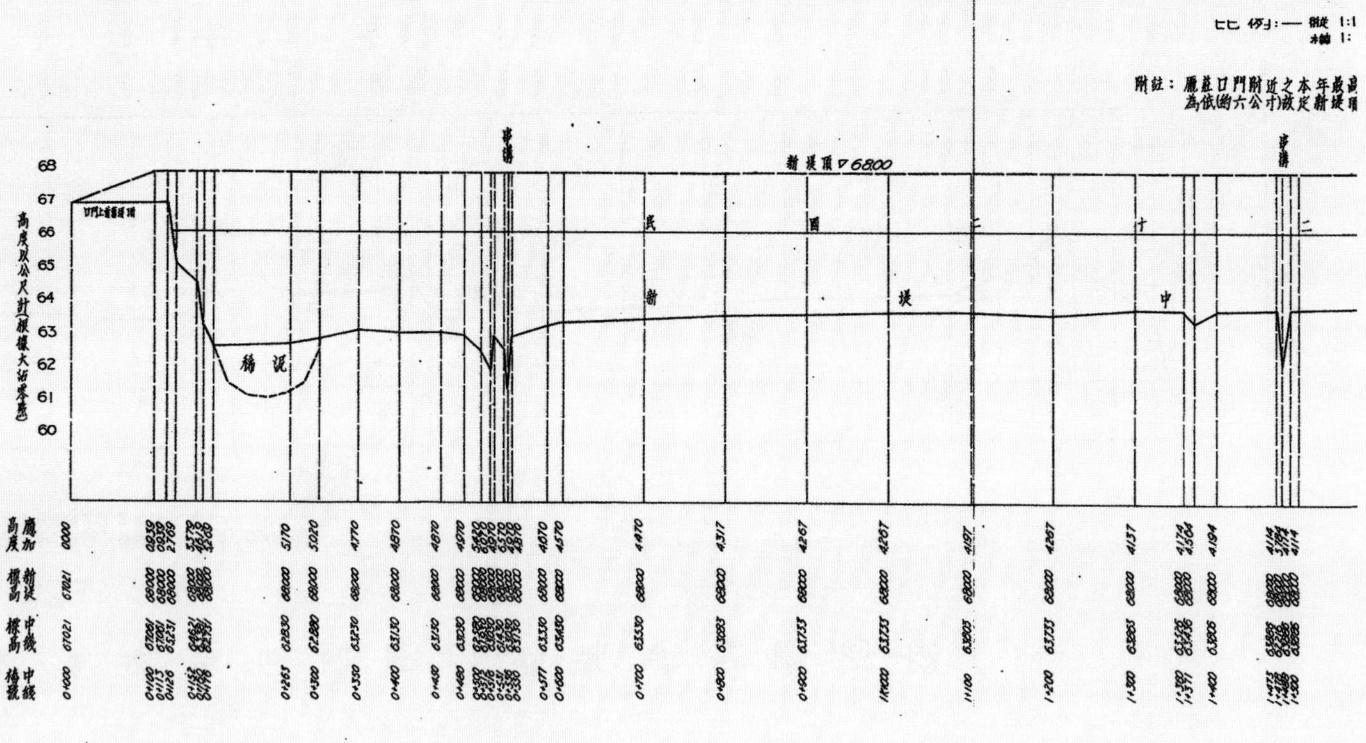
比例：一 縱 1:1
橫 1:
附註：龐莊口門附近之本年最高
為依(約六公寸)故定新堤頂
新堤頂 ▽6800
高度以公尺計(根據大沽零點)
68
67
66
65
64
63
62
61
60
口門上首舊堤頂
淤泥
串溝
民
國
二
十
二
新
堤
中
應加高度
新堤標高
中綫標高
中綫樁號

封銅瓦廂小新堤縱斷面圖

比例一縱1:50
橫1:4000

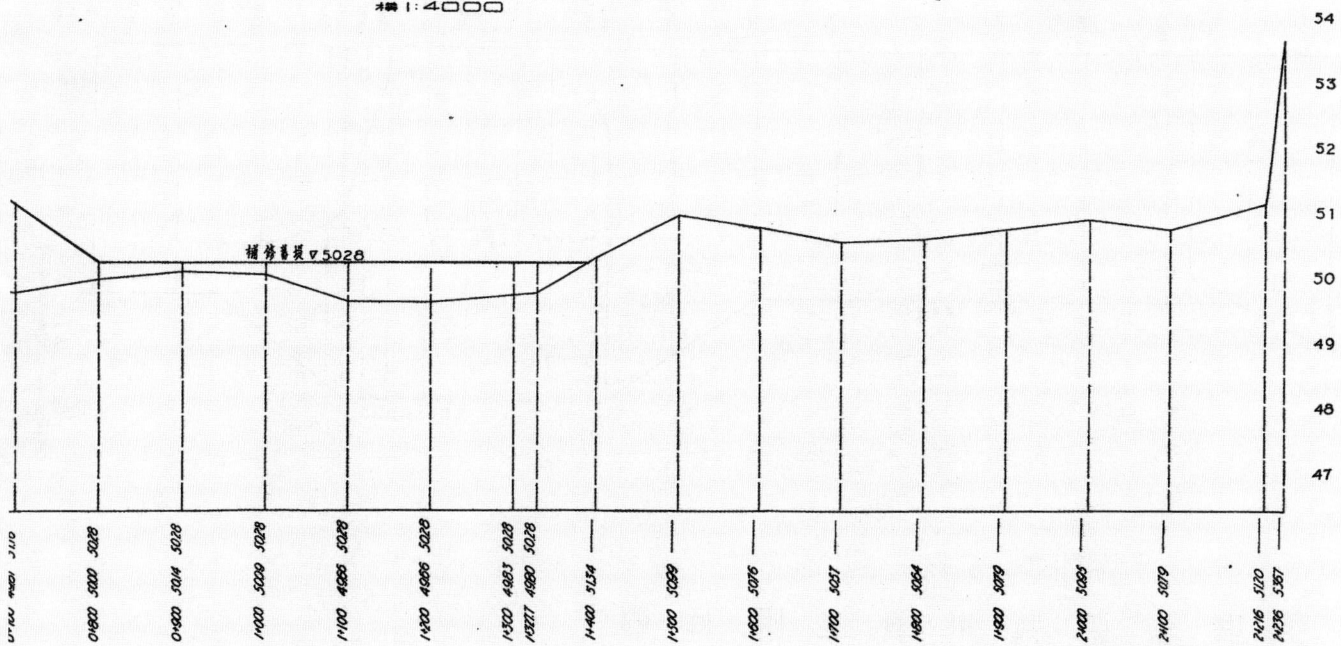

蘭封銅瓦廂小新堤縱斷面

比例一縱1:50
橫1:4000

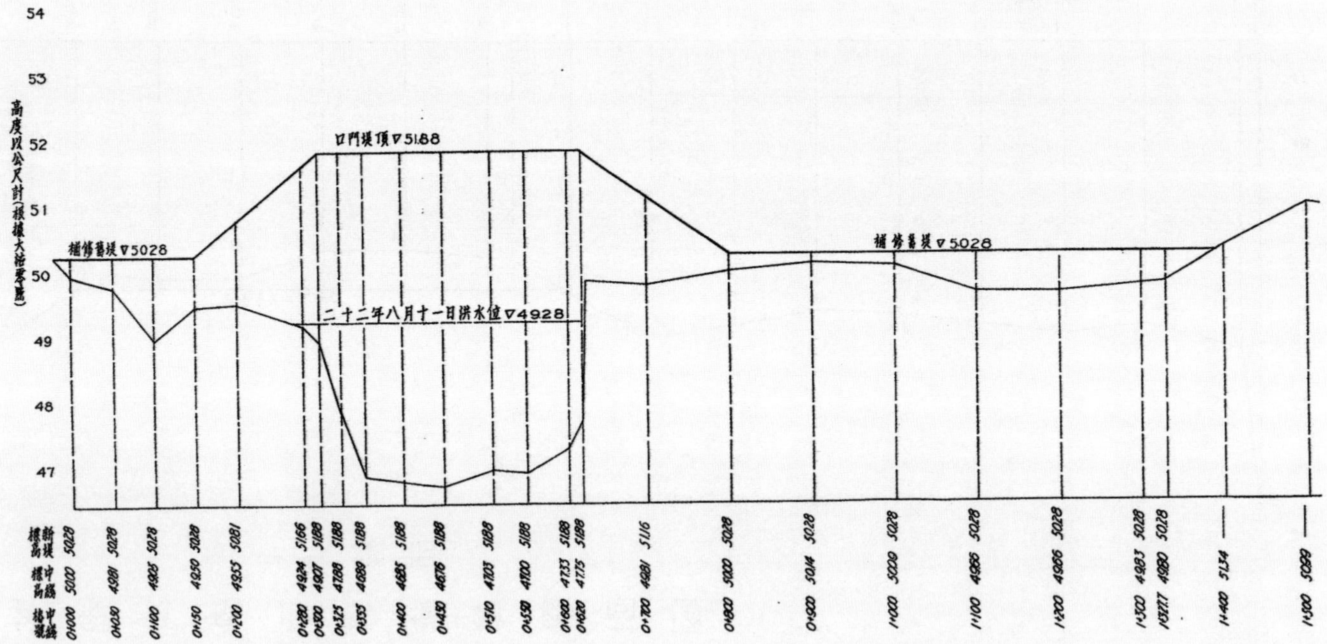

四明堂新堤縱斷面圖

比例：縱 1:50 橫 1:4000

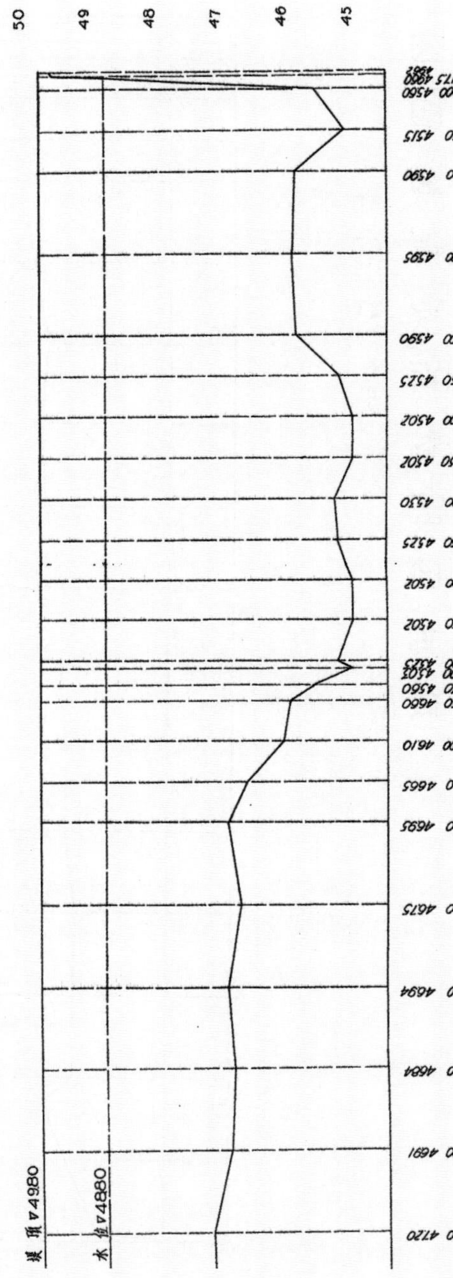

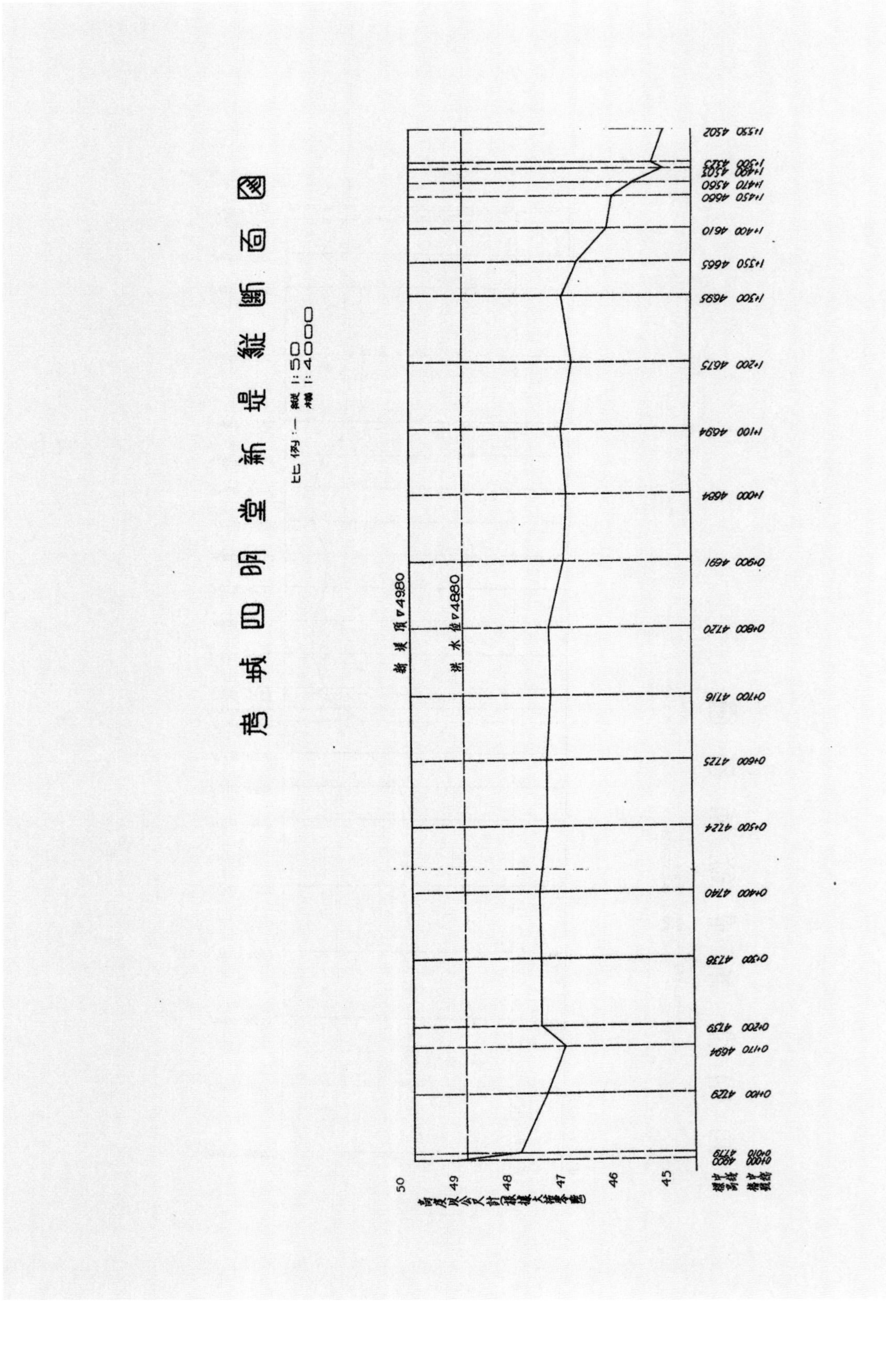
滑城四明堂新堤縱斷面圖
比例：縱 1:50
橫 1:4000
新堤頂▽4980
洪水位▽4880

附加培堤工縱斷面圖

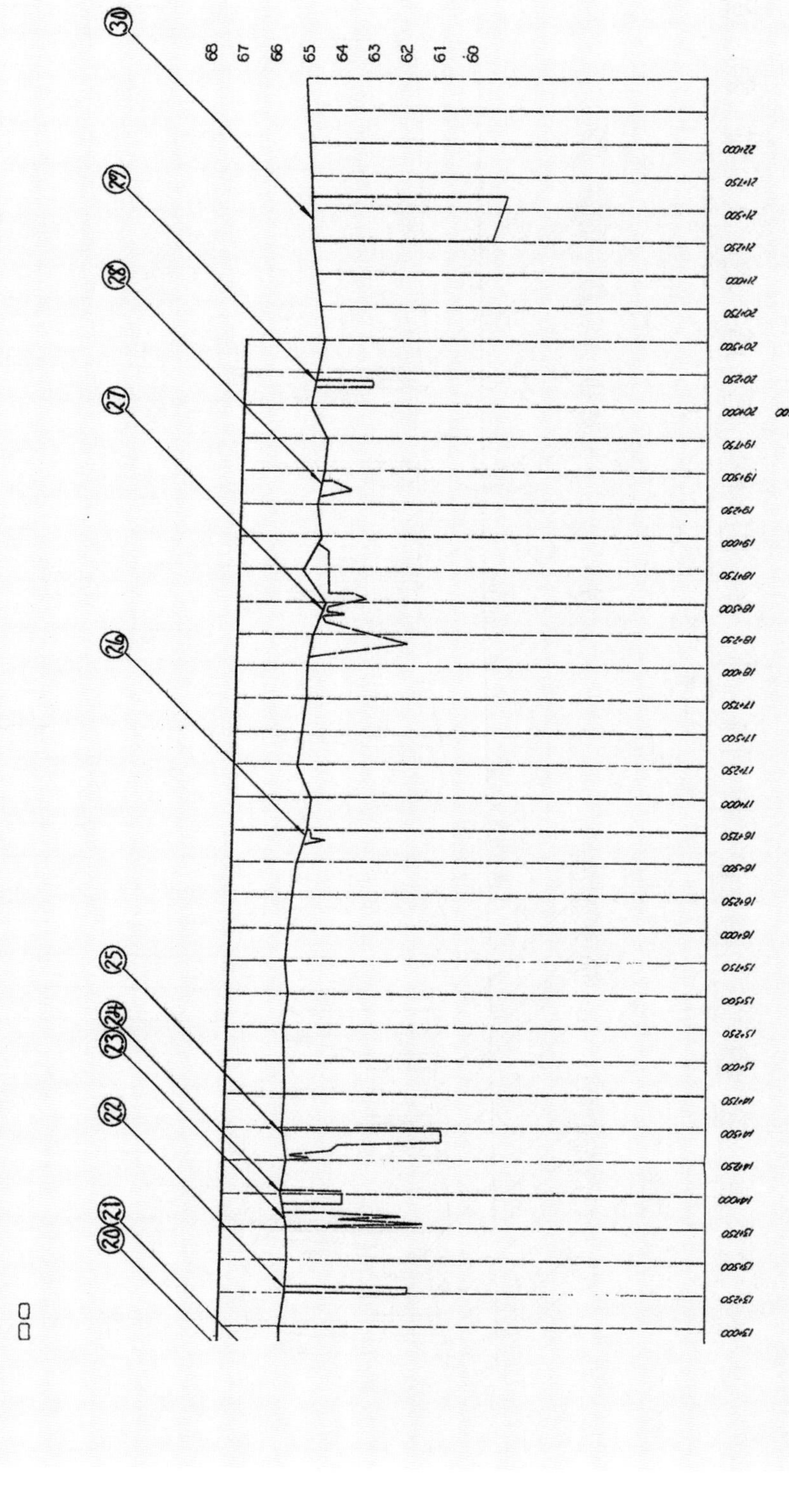

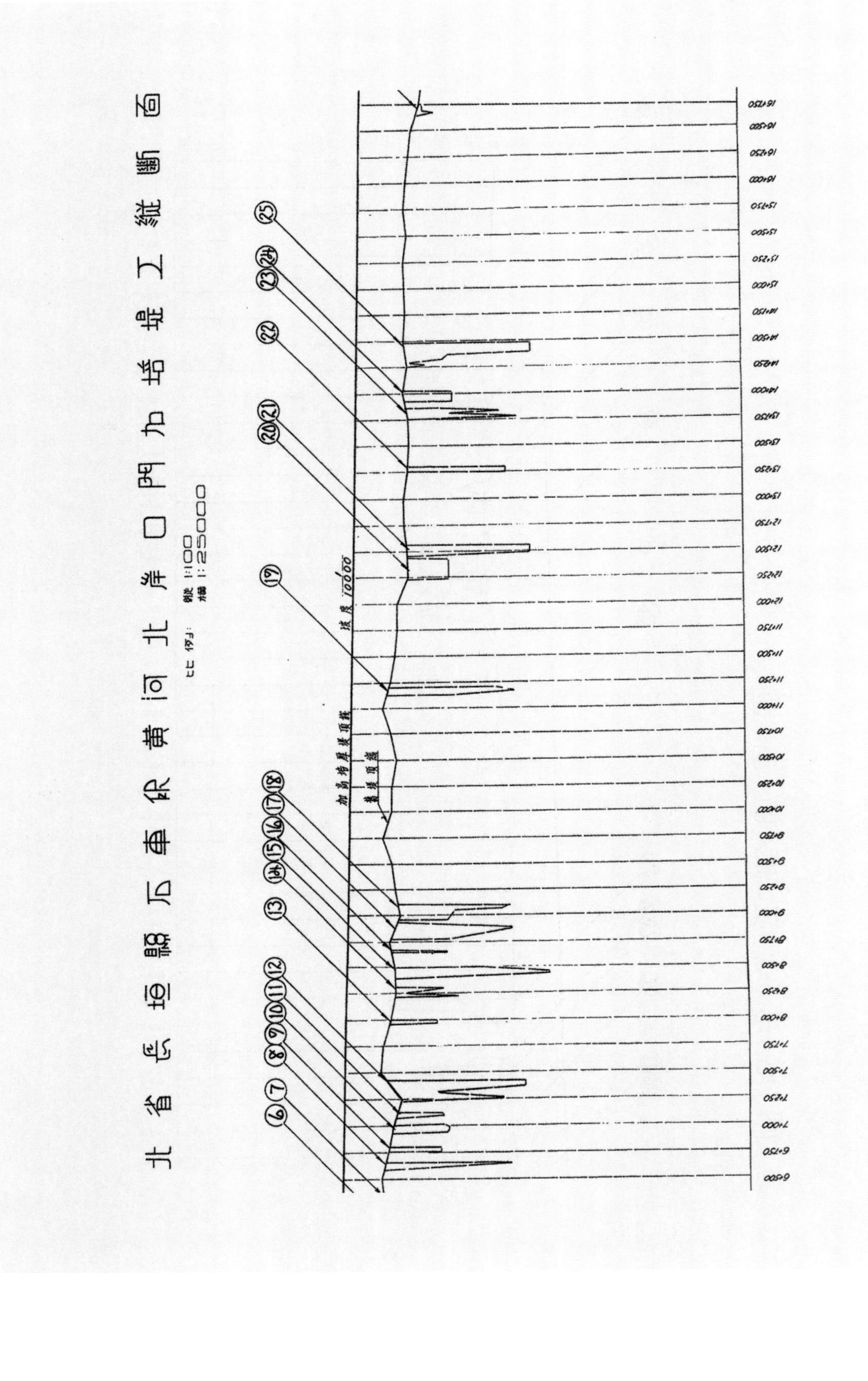

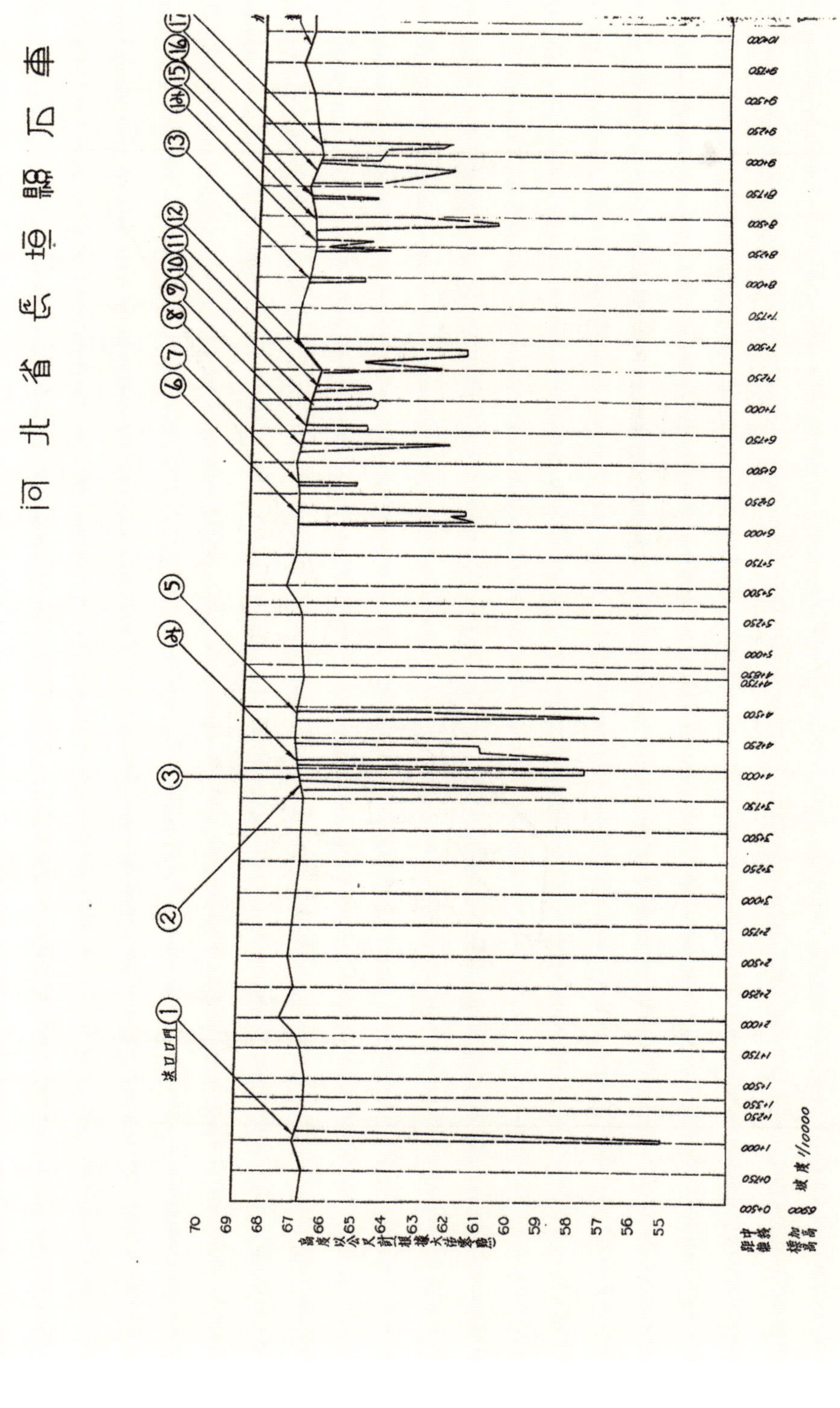

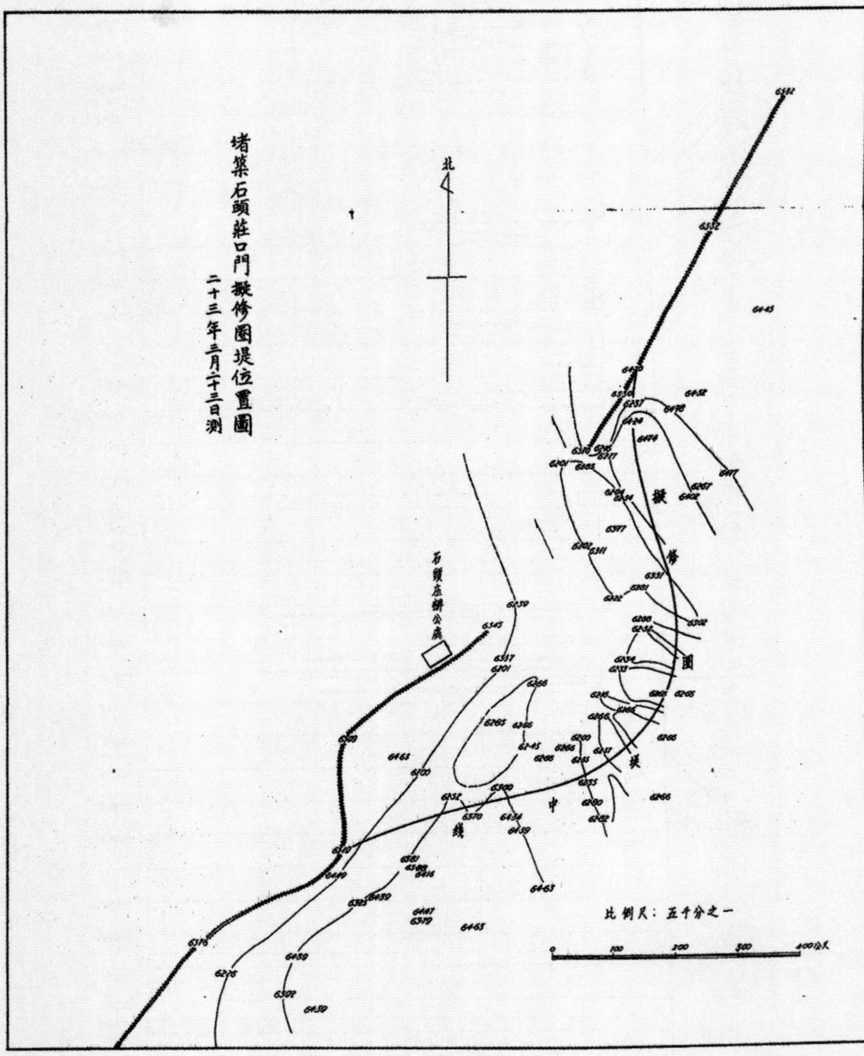

堵築石頭莊口門擬修圈堤位置圖
二十三年三月二十三日測

黃河水災救濟委員會全體姓名錄

本會委員

特派委員兼委員長 孔祥熙

前任特派委員兼委員長 宋子文

特派委員 黃紹竑 陳公博 顧孟餘 朱家驊

許世英 李儀祉 劉瑞恆 甘乃光

鄒　琳 郭春濤 錢宗澤 俞飛鵬

王應榆 秦　汾 劉汝璠 趙守鈺

張靜愚 田見龍 林成秀 張鴻烈

劉貽燕 董修甲

聘請委員 張壽鏞 穆藕初 朱慶瀾 李　晉

周象賢 沈百先 劉鴻生 虞洽卿

葉琢堂　史量才　董顯光　黃仁霖

席德炯　彭學沛　曾鎔浦　張嘉璈

潘序倫　趙　畸　張廣輿　馮　曦

林濟青　孔祥榕

常務委員會

委　員　孔祥熙　宋子文　黄紹竑　陳公博

顧孟餘　朱家驊　許世英　李儀祉

劉瑞恆　秦　汾

總辦事處

處　長　曾鎔浦

秘　書　高子鑊　許世璿　周啓邦　鄭志和

總視察　孔祥榕

名譽法律顧問　張志讓

幹　事　曾毓釗　侯華村　趙善鈞　魏榮立　包迪光

視察員　許俊傑　侯鴻業　劉秉忠　趙善鈞

辦事員　高時釗　李光亞　李芝楷　趙顯之　陳贊襄　劉秉忠

總務組

組主任　曾鎔浦（兼）

祕書　高子獲（兼）　林仲樞

第一股主任　郭濤

第二股主任　林仲樞（兼）

第三股主任　林守畏

第四股主任　周啓邦（兼）

股員　郭則瀾　江子敬　邵時　屈蓀宜

　　　陸樹本　張宗鈺

辦事員　沈觀憲　方志鵬　劉爾漣　劉洞業

　　　周篤恩　何福明　楊根年　張菊方

　　　葉劍秋

黄河水災救濟委員會總組務職員姓名錄　　八

財政組

組主任　秦汾

秘書　龐松舟

第一股主任　徐超

第二股主任　徐增福

第三股主任　劉鏉

股員　陳家墉　鄭慶澄　彭禮祺　余金錫

王雁時　陳漸豐　于天來　徐翼

辦事員　徐泖江　陳鑄九　何希周　雍知行

朱繁

黄河水災救濟委員會財政組職員姓名錄

一〇

災振組

組主任　席德炯

祕書　朱墉　高大綱

總務股主任　席鑅

查放股主任　金觀甫

採運股主任　高大經

總務股股員　趙省謀　陳堯甫　唐毓源　劉齡孫

查放股股員　史宣　張樹基　郭曾任

採運股股員　施邦瑞　張玉蓀　黃初葵

總務股辦事員　吳立健　賈天池　席繼賢　張體坤

席德鳳　丁惠孚　劉壽宜　陸超

金肇周

查放股辦事員陳用賓　金霖　諸壽康　盛雲峯

張其庸　席煒

採運股辦事員張文卿　黃祖香　黃仁泉

河北省運放密查專員　朱城

山東省運放密查專員　湯尚松

河南省運放密查專員　王煥宗

採運辦事處

幹事　曹季潛　呂柏馥　彭少雲　周幬

顧純一　許鹿笙　屠定宇　張玉成

吳可棟　宋乾熙　黃秉文

駐濟採運辦事處

主任　陳維新

幹事 黄仁泉

河北查放處

主任 唐宗郭

副主任 張梅生

長垣查放分處查放委員 李國楨

濮陽查放分處查放委員 陳銑

東明查放分處查放委員 林雲程

山東查放處

主任 杜延年

副主任 殷誠之

菏澤查放分處查放委員 李文林

壽張查放分處查放委員 曲洪廣

范縣查放分處查放委員　夏長純
鉅野查放分處查放委員　奚韵琴
東阿查放分處查放委員　趙守禮
單縣查放分處查放委員　涂恩澤
濟寧查放分處查放委員　司世卿

河南查放處

主　　任　楊名聲
副　主　任　丁應午
滑縣查放分處查放委員　劉維卿
温縣查放分處查放委員　王立南
蘭封查放分處查放委員　蘭　檝
封邱查放分處查放委員　路幼琴

考城查放分處查放委員　游鵬翥

河北省災振委員會

委　員　魏　鑑　魯穆庭　林成秀　張仲元

王鳳鳴　齊振林　章元善　唐宗郭

梅貽琳　艾德敷　雍劍秋　趙聘卿

張春華　王　選

山東省災振委員會

委　員　張紹棠　李樹春　何素璞　孫桐萱

林濟青　江　清　許理治　張鴻烈

何思源　辛鑄九　周百朋　梅貽琳

殷誠之　杜紹彭　張葦村

河南省災振委員會

委員　方其道　張靜愚　馮劍飛　張鈁

懷主教　張廣輿　李達　杜扶東

李培基　劉海樓　梅貽琳　楊名聲

孫潤晨　郭芳五　丁應午

工振組

組　主　任　孔祥榕

前組主任　周象賢

祕　　書　許鴻逵　金承壽　羅惠僑　周才芳

　　　　　王郁駿

總工程司　李儀祉（未到差）　宋希尚（兼代）

事務股主任　蕭序詞（代）

工務股主任　宋希尚　柯廷鍾（兼代）　沈景初（兼代）

　　　　　朱　墉（兼代）

主任工程司　楊思廉　傅樸誠　裴益祥（未到差）

正工程司　李公甫　鄭耀西　柯廷鍾　蘇蘭生

　　　　　沈景初

副工程司　齊占一　周　輪　崔錫霖　吳引翼

督察員　石效中

視察員　李崇岳　汪有龍　張鑑清　王維誠

　　　　桑澤同　王郁駿

技術員　黃宏煦　金琪林　趙勤畦　程　燦

　　　　丁同義　賈國楚　尹中杰　吳藻生

督工員　鄧　克

股員　李傳垛　鄢雲鵬　劉達錚　劉文範

　　　　劉齡孫　汪雪湄　丁希農　張漢雲

　　　　孫林皋　韓石年　黎　鄂　秦履泰

　　　　周　庶　沈雲章　汪敬癡　金海澂

辦事員　沈佩蘭　劉　鶴　林頌檉　張夢閒

趙逸民　壽延卿　李繼煊　劉明遠
李際堂　徐懷芳　陶振聲　蔡新元
劉品三　尚右古　孔憲祜　徐慕農
陳光第　劉奎廷　張榮寶　魏榮堂
劉慶林　劉宇文　劉世鎧　陳霆汎
金承勛　吳聿昌　史佩璠　王　鑑
沈天民　虞開鼎　曹　振　李世卿
曹壽鴻　鄭聯第　董永善　李德翼
秦炳臨

運輸委員

周頌年　陳舜耕　邱鴻勳　蕭衛國
葛　澧　阮藩儕　朱玫瑩　何顯華

運輸專員

董耀堂　江艮彬　蘇景陽　陳桂林

趙光斗　張秉諝　張仲清　陸炳文

張恆懋　步恆昜　信　綱　湯振林

王　普　夏　雲　薛正清　李長賡

張　靖　宋炳春　張育芝　鄭康侯

李學詒　張鑑清

第一區工程處

處　　長　陳汝珍

主任工程司　朱　墉　李仲強

事務課課長　吳蘧孫

工務課課長　張友賢

工　程　司　吳之揆

技　術　員　孫　鎔　張連級　宋尊禮　李玉堂

課　員　戴湄川　李鍾靈　陳　璋

會　計　金恆順　虞開鼎

事務員　吴祖植　祝國强　江濟川　左宏昌

金恆順

考城工程段事務所

段工程司　郝西庚

辦事員　馮　瑛　李在禄

蘭封工程段事務所

段工程司　張友賢（兼）吴之揆（兼）

辦事員　靳省三　方宏緒　吴祖植

温縣工程段事務所

段工程司　李　彊

辦事員　紀友梅　李星垣

第二區工程處

處長　孫慶澤

主任工程司　楊廷玉

事務課課長　潘德蔚

工務課課長　王震

工程司　齊壽安

副工程司　傅樸誠

技術員　左鼎　李保泰　宋夢漁

課員　張人鈺　王億年　陳建　馮春熙

孫亦詳　朱士青　何占清

會計　薛辰伯

事務員　裴順吉　陶西疇　韋錫彭　趙子貞
劉慶堂　陳佩璋　馮　超　路習曾
薛厚之　盧慰祖　祁夢麟　韋德麟
陳樹榮　孫亦詳　陳　建
石頭莊工程段事務所
段工程司　林丹忱
技術員　舒德池
辦事員　王靜波　李耀東　宋佩章
香亭工程段事務所
段工程司　辛瀛洲
技術員　陳駿飛　林榮山
辦事員　林春生　孫慎修　喬鳴鳳

大車集工程段事務所

段工程司 陳仲義

技術員 張瑞麟

辦事員 賀安瀾

香里張工程段事務所

段工程司 孔昭義

辦事員 王善先 宋靜溪

第三區工程處

處長 張連甲

主任工程司 黄道容

事務課課長 趙錄仁

工務課課長 潘鎰芬

技術員　李士林

課員　張如萬　趙國珉　莊繩武

會計　沈仲雍

事務員　蕭連江　戴寅　劉金銘　王尊卿

杜傳古

工程委員會

委員　張含英　沈百先　陳懋解　陳湛恩

蒲德利　史篤培　白郎都　托德

查得利　敖京基　茅以昇　許心武

衛生組

組　主　任　劉瑞恆

祕　　　書　陳　璞　邵秀明

事務股主任　金　泰

醫療防疫股主任　金寶善

衛生工程股主任　戴　雅

醫　　　師　潘　驥

藥　　　師　孟目的

技術助理員　張年春

主任護士　言潘景芝　胡惇五

辦　事　員　王繼善　鄭　浩　陳天鈞　鄭　奎
凌鳳閣　王文祺　章翰邦　張栢齡

尹恭震

山東辦事處

處　長　梅貽琳

主任醫師　劉蔚森

醫　師　張同和　吳守耀　李樹華

藥　師　李國寧

技術助理員　張曾鑫　戴琦

護　士　張應富　金發湘　張振宗

衛生稽查　王正嘉

辦事員　沈永禮

濟寧醫隊

主任醫師　謝一亭　林竟成

護　士　王希曾　王應武　王海棠

濟南醫隊

主任醫師　李樹華

醫　師　林竟成　孔　麒

鄆城醫隊

主任醫師　袁濬昌

醫　師　孔　麒

護　士　臧宗聖　詹　英　張歲先

菏澤醫隊

主任醫師　趙光鉞

醫　師　侯子明

護　士　范造深　何定安　吳紹鑾　鄭　芳

范縣醫隊

主任醫師　王世均

醫　　師　徐　琨　謝一亭

護　　士　姚根深　孫正華　王振亞

冀豫辦事處

處　　長　梅貽琳（兼）

主任醫師　李旭初

醫　　師　孫潤晨　黄克綱　伍宗裕　吴守耀

衛生工程師　劉茀祺

技術助理員　晋叔清　高恩銘

衛生稽查　徐心德

辦事員　謝叔魯　沈　錐

温縣醫隊

主任醫師　馬敬之

醫　　師　陳中堅

護　　士　懷斌才　關作賓　戴芳嶽　劉紹向

　　　　　王光宇

滑縣醫隊

主任醫師　陳企立

醫　　師　王裕厚　謝世煇

護　　士　郭文起　盧逸民　劉志光　李儒明

考城醫隊

主任醫師　沈新士

醫　　師　舒道隆

護　士　沈學賢　陶　平　王兆斌　王萬甲

袁振民

東明醫隊

主任醫師　楊順麟

醫　師　杭童華

護　士　王品山　徐恩德　劉秉彝　吳芷亭

長垣醫隊

主任醫師　劉勳選

醫　師　舒道隆　張德鴻　謝世輝

護　士　王恩法　陳鴻興　蔡一麐　張履平

楊培成　賈榮祿

開州醫隊

主任醫師　劉綏亘

醫　　師　周家聲

護　　士　胡瑞榮　周醉人　鄭錫斌

濮陽醫隊

護　　士　范仲宣　賈文恒

黄河水災救濟委員會衛生組職員姓名錄

稽核委员會

委　員　潘序淪　秦　汾　聞亦有

祕　書　錢素君　葉朝鈞

稽核員　錢素君(兼)葉朝鈞(兼)周孝邁　唐繼業

辦事員　潘文源　潘永楨

後　記

我是從數學史學習中逐步了解治黄史的。漢代《許商算術》的作者許商，好天文術數之事的王景、李尋善，他們既是數學家，又以治理黄河而聞名。我國現存最早的河工著作《河防通議》，將中國古典數學天元術運用到治黄工程中，創造了中國古代工程數學的一個高峰。除了數學史之外，内蒙古師範大學科學技術史研究還以少數民族科技史和地方科技史見長。李迪先生曾指出地方科技史研究的重要内容是人與自然環境變遷、科技遺迹與自然環境以及環境與生産的關係，此類研究具有明顯的現實意義和重要價值。想要通過大科學史研究，弄清變遷的原因和未來的發展趨勢，産出對于地方各方面的開發有更大、更直接價值的成果，這類研究大多離不開文獻。之後，李迪先生更是直接指出科技史研究不僅是對過去的科技工作和科技成果的回顧與總結，而且要着眼于現代，讓古人的發明創造爲今人服務，繼續在現代發揮其應有的作用。我將先生大科學史的治學理念視爲座右銘，在科研工作中更加注重讓科研成果服務于國家戰略與區域發展需求。

二〇一九年九月，習近平總書記在黄河流域生態保護和高質量發展座談會上指出，黄河流域在我國經濟社會發展和生態安全方面具有十分重要的地位。黄河流域生態保護和高質量發展是重大國家戰略。同年十月，黨的十九届四中全會提出『加强邊疆治理，推進興邊富民』，首次把邊疆治理寫入黨的文件。内蒙古師範大學組織科研力量，積極申報研究闡釋黨的十九屆四中全會精神的國家社科基金重大項目，其中『中國特色社會主義民族區域自治制度自信研究』項目獲批。我承擔其中的『鑄牢中華民族共同體意識下的民族自治地方文化自信研究』子課題，而黃河是首選文化要素。二〇二四年，該項目順利結項，我也對黃河文化所藴含的時代價值有了更深的體會。

有鑒于此，我帶領文化遺産智能應用服務中華民族共同體建設『英才興蒙』團隊，以黃河爲主題，開展了文獻、文物、傳統工藝等多模態資源庫建設和跨模態應用示範工作。這次與内蒙古人民出版社合作出版的《黃河國家治理文獻集成》，旨在梳理和總結文獻中所藴含的歷史經驗和文化信息，爲當代及未來的黃河治理和地方文旅産業發展提供參考與借鑒。

感謝内蒙古民族文化産業研究院、巴彦淖爾市圖書館等单位的傾力相助，感謝内蒙古自治區黨委宣傳部、内蒙古出版集團、内蒙古人民出版社對本項目的支持與幫助。

在此，也向致力于黃河治理和大河安瀾的歷代先賢與當代典範表達崇高的敬意：你們的不懈努力與無私奉獻，爲黃河的安寧與人民的福祉築起了堅實的防綫；你們的智慧與勇氣，將永遠銘刻在中華民族的歷史豐碑上，激勵後人不斷前行。

董杰

二〇二五年一月

北疆文化